"十四五"普通高等

U0171212

水电工程施工 管理与实践

主　编　王文进

副主编　闫建文　郭培利

编　写　朱静玉　刘阳阳　常志萍

　　　　王　深　马嘉兴　马　迪

主　审　吴文平

中国电力出版社
CHINA ELECTRIC POWER PRESS

内 容 提 要

本书为"十四五"普通高等教育规划教材，本书在编写过程中将基础理论与实践有效结合，用专业的理论知识指导实践，注重紧密结合施工管理实际，深入浅出，内容精练，便于读者接受和掌握。

全书分为六章，主要内容包括水电工程施工技术与管理概论，进度计划的网络技术及其管理，水电工程施工质量管理与控制，水电工程施工成本管理与控制，水电工程合同管理与信息管理，水电工程安全、环保和职工职业健康。本书各章习题可通过扫码获取。

本书可作为工程管理、工程造价等相关专业的教学用书，也可作为土木工程专业教材，还可供工程技术人员、设计人员准备注册考试和知识巩固时参考。

图书在版编目（CIP）数据

水电工程施工管理与实践/王文进主编．—北京：中国电力出版社，2020.11
"十四五"普通高等教育规划教材
ISBN 978-7-5198-3848-5

Ⅰ．①水…　Ⅱ．①王…　Ⅲ．①水利水电工程－施工管理－高等学校－教材　Ⅳ．①TV512

中国版本图书馆 CIP 数据核字（2019）第 240662 号

出版发行：中国电力出版社
地　　址：北京市东城区北京站西街 19 号（邮政编码 100005）
网　　址：http://www.cepp.sgcc.com.cn
责任编辑：孙　静（010-63412542）
责任校对：黄　蓓　朱丽芳
装帧设计：郝晓燕
责任印制：吴　迪

印　　刷：河北华商印刷有限公司
版　　次：2020 年 11 月第一版
印　　次：2020 年 11 月北京第一次印刷
开　　本：787 毫米×1092 毫米　16 开本
印　　张：10.75
字　　数：256 千字
定　　价：38.00 元

前　言

　　水电工程施工管理与实践是硕士研究生课程，目的是为工程管理专业提供一项主干技术基础教程，使学生掌握工程施工管理的基本原理、基本知识和常用分析方法，拥有从事各类工程项目施工管理的初步能力。本书既可作为工程管理、工程造价等相关专业的教学用书，又可作为土木工程专业教材，还可供工程技术人员、设计人员准备注册考试和知识巩固时参考。完成全书的教学计划，大约需要32学时。

　　本书由王文进主编，闫建文、郭培利副主编，全书编写分工如下：其中第1章由刘阳阳、马迪编写，第2章由王文进、郭培利编写，第3章由王文进、闫建文编写，第4章由王深、马嘉兴编写，第5章由朱静玉、郭培利编写，第6章由常志萍、闫建文编写。全书配套习题可扫码获取。

　　全书由吴文平教授主审。

　　感谢朱记伟教授在百忙之中为编书工作提供的宝贵意见和建议，以及给予的经费支持。同时也感谢马嘉兴、马迪所做的编辑工作。

　　本书虽几经修改，但限于作者水平，难免有不妥之处，恳请读者批评指正。

编　者

2020年8月

目　　录

1 水电工程施工技术与管理概论

1.1 施工项目管理的概念

施工项目管理就是指施工单位在完成所承揽的工程建设施工项目的过程中，运用系统的理论以及现代的科学技术手段对施工项目进行计划、组织、安排、指挥、管理、监督、控制、协调等的全过程管理。简单来说，就是建筑施工企业对施工项目进行的管理。

1.1.1 项目范围管理

1. 一般规定

项目范围管理应以确定并完成项目目标为根本目的，通过明确项目有关各方的职责界限，以保证项目管理工作的充分性和有效性。

项目范围管理的对象应包括为完成项目所需的专业工作和管理工作。

项目范围管理的过程应包括项目范围确定、项目结构分析、项目范围控制等。

项目范围管理应作为项目管理的基础工作，贯穿于项目的全过程。组织应确定项目范围管理的工作职责和程序，并对范围的变更进行检查、分析和处置。

2. 项目范围确定

项目实施前，组织应明确界定项目的范围，提出用项目范围说明文件作为进行项目设计、计划、实施和评价的依据。

确定项目范围应主要依据下列资料：

（1）项目目标的定义或范围说明文件。

（2）环境条件调查资料。

（3）项目的限制条件和制约因素。

（4）同类项目的相关资料。

在项目的计划文件、设计文件、招标文件和投标文件中应包括对工程项目范围的说明。

3. 项目范围控制

组织应严格按照项目范围和项目分解结构文件进行项目的范围控制。

组织在项目范围控制中，应跟踪检查，记录检查结果，建立文档。

组织在进行项目范围控制中，应判断工作范围有无变化，并对范围的变更和影响进行分析与处理。

项目范围变更管理应符合下列要求：

（1）项目范围变更要有严格的审批程序和手续。

（2）范围变更后应调整相关的计划。

（3）组织对重大的项目范围进行变更，应提出影响报告。

（4）在项目的结束阶段，应验证项目范围，检查项目范围规定的工作是否完成和交付成果是否完备。

（5）项目结束后，组织应对项目范围管理的经验进行总结。

1.1.2 项目管理规划

项目管理规划作为指导项目管理工作的纲领性文件，应对项目管理的目标、依据、内容、组织、资源、方法、程序和控制措施进行确定。

项目管理规划应包括项目管理规划大纲和项目管理实施规划两类文件。

项目管理规划大纲应由组织的管理层或组织委托的项目管理单位编制。

项目管理实施规划应由项目经理组织编制。

大中型项目应单独编制项目管理实施规划；承包人的项目管理实施规划可以由施工组织设计或质量计划代替，但应能够满足项目管理实施规划的要求。

1.1.3 项目管理组织

1. 项目管理组织的建立应遵循的原则

（1）组织结构科学合理。

（2）有明确的管理目标和责任制度。

（3）组织成员具备相应的职业资格。

（4）保持组织成员相对稳定，并根据实际需要进行调整。

（5）组织应确定各相关项目管理组织的职责、权限、利益和应承担的风险。

（6）组织管理层应按项目管理目标对项目进行协调和综合管理。

2. 组织管理层的项目管理活动应符合的规定

（1）制定项目管理制度。

（2）实施计划管理，保证资源的合理配置和有序流动。

（3）对项目管理层的工作进行指导、监督、检查、考核和服务。

1.2 施工技术管理的概念

施工项目技术管理是项目经理部在项目施工过程中，对各项技术活动过程和技术工作的各种要素进行科学管理的总称。所涉及的技术要素包括技术人才、技术装备、技术规程、技术信息、技术资料、技术档案等。

1.2.1 施工技术管理的主要内容

（1）技术基础工作的管理：包括实行技术责任制，执行技术标准与技术规程，制定技术管理制度，开展科学试验，交流技术情报，管理技术文件等。

（2）施工过程中技术工作的管理：包括施工工艺管理、技术试验、技术核定、技术检查等。

（3）技术开发管理：包括技术培训、技术革新、技术改造、合理化建议等。

（4）技术经济分析与评价。

1.2.2 管理制度

1. 图纸学习和会审制度

制定、执行图纸会审制度的目的是领会设计意图，明确技术要求，发现设计文件中的差错与问题，提出修改与洽商意见，避免出现技术事故或产生经济、质量问题。

2. 施工组织设计管理制度

按企业的施工组织设计管理制度制定施工项目的实施细则，着重于单位工程施工组织设计及分部分项工程施工方案的编制与实施。

3. 技术交底制度

施工项目技术一方面要接受企业技术负责人的技术交底，另一方面又要在项目内进行层层交底，故要通过编制制度保证技术责任制落实，技术管理体系正常运转，以及技术工作按标准和要求运行。

4. 施工项目材料、设备检验制度

材料、设备检验制度的宗旨是通过保证项目所用的材料、构件、零配件和设备的质量，进而保证工程质量。

5. 工程质量检查及验收制度

制定工程质量检查及验收制度的目的是加强工程施工质量控制，避免质量差错造成永久隐患，并为质量等级评定提供依据，为工程积累技术资料和档案。工程质量检查及验收制度包括工程预检制度、工程隐检制度、工程分阶段验收制度、单位工程竣工检查验收制度、分项工程交接检查验收制度等。

6. 技术组织措施计划制度

制定技术组织措施计划制度的目的是为了克服施工中的薄弱环节，挖掘生产潜力，加强其计划性、预测性，从而保证施工任务的完成，获得良好的技术经济效果并提高技术水平。

7. 工程施工技术资料管理制度

工程施工技术资料是施工单位根据有关管理规定，在施工过程中形成的应当归档保存的各种图纸、表格、文字、音像材料等技术文件材料的总称，是工程施工及竣工交付使用的必备条件，也是对工程进行检查、维护、管理、使用、改建和扩建的依据。制定该制度的目的是为了加强对工程施工技术资料的统一管理，提高工程质量的管理水平。该制度的制定必须贯彻国家和地区有关技术标准、技术规程和技术规定，以及企业的相关技术管理制度。

8. 技术核定和技术复核制度

凡在图纸会审时遗留或遗漏的问题以及出现的新问题，属于设计单位原因造成的，由设计单位以变更设计通知单的形式通知有关单位；属于建设单位原因造成的，由建设单位通知设计单位出具工程变更通知单，通知有关单位。施工过程中，因施工条件、材料规格、品种和质量不能满足设计要求及合理化建议等原因，需要进行施工图修改的，经技术核定后由施工单位以工程洽商的形式提出。工程洽商由项目技术人员负责填写，并经项目总工程师审核，重大问题须报企业总工程师审核，由项目内业技术人员负责送设计单位、建设单位办理签证，经认可后方生效。在施工过程中，对重要的和影响全面的技术工作，必须在分部分项工程正式施工前进行复核，当复核发现差错时应及时纠正。

9. 单位工程施工记录制度

单位工程施工记录是在建工程整个施工阶段有关施工技术方面的记录，由项目经理部各专业责任工程师负责逐日记录，直至工程竣工。内容包括工程开、竣工日期，主要分部分项工程的施工起止日期，技术资料供应情况；设计单位或建设单位在现场解决的设计问题及施工图修改的记录；重要工程的特殊质量要求和施工方法；紧急情况下采取的特殊质量要求和施工方法；质量、安全、机械事故的情况、原因及处理方法；有关领导部门对工程所做的生产、技术方面的决定或建议；气候、气温、地质及其他特殊情况的记录。

10. 其他技术管理制度

除以上几项主要的技术管理制度外，施工项目经理部还必须根据需要，制定其他技术管理制度，保证有关技术工作的正常运行，如土建与水电专业施工协作技术规定、工程测量管理办法、技术革新和合理化建议管理办法、计量管理办法、环境保护工作办法、工程质量奖罚办法、技术发明奖励办法等。

1.3　施工管理的组织和职责

1.3.1　施工管理组织机构

施工企业应明确质量管理体系的组织机构，配备相应质量管理人员，规定相应的职责权限并形成文件。

施工企业质量管理体系的组织机构形式，质量管理人员的配备情况，职责权限与岗位需求的匹配情况，使得管理者在确定公司管理层与项目部管理机构时，均应围绕着外部要求、企业管理需要，项目需要，施工组织特点，法律、法规要求和人员素质情况来综合考虑，以确定适合施工企业自身特点的组织形式、人员配备和职责。

（1）施工企业在确定组织机构时，对于管理层次、管理跨度（部门或岗位）的设置应与质量管理需要相适应，且应满足质量管理策划、实施、改进的需要。

（2）管理层次就是在职权等级链上所设置的管理职位的级数。大部分企业的管理层次设置有三个层次：决策层（领导班子）、管理层（各部门领导）、执行层（项目部、分子公司）。

（3）管理跨度是管理人员直接指挥监督其下属的人数，管理层次和管理跨度之间存在着一种反比例的关系。管理跨度越大，管理层次越少；反之，管理跨度越小，管理层次越多。按照组织机构类型可以有直线型组织机构、职能组织结构模式、矩阵式组织结构模式，企业的组织机构应根据企业的产品特点、内部环境决定质量管理众子机构采取什么形式，决定的形式要能满足质量管理过程需求和控制，组织机构应确保"三个有利于"，即有利于提高管理效率，有利于提高工程质量，有利于降低成本。

1.3.2　职责和权限

（1）企业确定组织职责和权限时，一定要同组织机构结合确定，注意要明确横向、纵向间的借口和权力、责任的界定，如在技术方案、质量验收（包括现场工序质量控制的管理）中要明确质量管理部、协助部门和项目部门间的职责和权限。

明确在项目管理关键流程中，项目与公司部门、公司部门之间在项目管理链条中的职责和分工，从职责分工上先梳理清楚，具体内容如下：

1）将项目管理流程中公司各管理部门之间的接口职责分工明确。

2）将施工企业管理部门要做的工作和项目部门要做的工作的责、权、利分工明确。

3）突出公司管理部门管控的重点工作。

（2）企业应结合质量管理目标结果和项目管理要求、管理效率及质量管理体系内外部的条件变化，适时评价企业组织机构和职责的适宜和有效情况，以满足质量管理的需求。对调整后的组织机构和职责应及时对相关文件进行修改，确保管理制度、支持性文件与机构和职责相一致。

（3）确定组织职责和权限时还要关注行业、法规的要求，如《中华人民共和国建筑法》《建设工程质量管理条例》《建筑工程安全生产管理条例》《铁路建设工程质量管理规定》等法律法规中的要求，关注建设单位、设计方、监理方、政府部门、特殊方的要求在职责和权限中的落实情况，明确项目质量管理中公司管理、项目管理与相关方（建设单位、设计方、监理方、政府部门、供方）接口的职责和权限。

（4）施工企业最高管理者在质量管理方面的职责和权限应包括：

1）组织制定质量方针和目标。

2）建立质量管理的组织机构。

3）培养和提高员工的质量意识。

4）建立施工企业质量管理体系并确保其有效实施。

5）确定和配备质量管理所需的资源。

6）评价并改进质量管理体系。

施工企业应规定各级专职质量管理部门和岗位的职责和权限，形成文件并传递到各管理层次。

施工企业应规定其他相关职能部门和岗位的质量管理职责和权限，形成文件并传递到各管理层次。

施工企业应以文件的形式公布组织机构的变化和职责的调整，并对相关的文件进行更改。

1.4　施工组织设计的内容及编制

施工组织设计是指导建筑施工的重要技术文件，也是对施工活动实施科学管理的有力手段。由于建筑产品的多样性，每项工程都必须单独编制施工组织设计。

1.4.1　施工组织设计的内容

施工组织设计与其他设计文件一样，也是分阶段编制、逐步深化的；对于大型工业项目或民用建筑群，施工组织设计一般可分为三个层次进行编制。

1. 施工组织总设计

施工组织总设计是以建设项目为对象，以批准的初步设计（或扩大初步设计）为依据，以工程总承包单位为主体（建设单位、分包单位及设计单位参加）进行编制的。它是对建设工程的总体规划与战略部署，是指导施工的全局性文件，主要包括：

（1）工程概况。应着重说明工程的规模、造价、工程特点、建设期限，以及外部施工条件等。

（2）施工准备工作。应列出准备工作一览表，包括各项准备工作的负责单位、配合单位、负责人、完成日期及保证措施。

（3）施工部署及主要施工对象的施工方案。包括项目的分期建设规划，各期建设内容，施工任务的组织分工，主要施工对象的施工方案和施工设备，全场性的技术组织措施，以及大型暂设工程的安排等。

（4）施工总进度计划。包括整个建设项目的开、竣工日期，总的施工程序安排，分期建设进度，土建工程与专业工程的穿插配合，主要建（构）筑物的施工期限等。

（5）全场性施工总平面图。图中应说明场内外主要交通运输道路、供水供电管网和大型临时设施的布置，施工场地的用地划分等。

（6）主要原材料、半成品、预制构件和施工机具的需要量计划。

2．单位工程施工组织设计

单位工程施工组织设计是以单个建（构）筑物为对象，以施工图为依据，由直接组织施工的基层单位负责编制的，它是施工组织总设计的具体化。单位工程施工组织设计一般包括单位工程的施工方案及施工方法，单位工程的施工平面图，单位工程的施工进度计划三部分。一般简称一案、一图、一表。

3．分部工程施工设计

分部工程施工设计也叫作业设计，是单位工程的施工组织设计的具体化。对于某些技术复杂或工程规模较大的建（构）筑物，在单位工程施工组织设计完成以后，可对某些施工难度大或缺乏经验的分部工程再编制其作业设计。作业设计的重点内容是施工方法和机械设备的选择，保证质量与安全的技术措施，以及施工进度与劳动力组织等。

1.4.2　施工组织设计的编制

1．编制原则

在编制施工组织设计和组织施工的过程中，一般遵循以下基本原则：坚持基本建设程序，充分做好施工准备，不打无把握之仗，严禁盲目草率施工；在保证工程质量和安全生产的前提下，尽量缩短建设工期，加快施工速度；坚持全年连续施工，合理安排冬、雨季施工项目，增加全年施工天数；贯彻建筑工业化方针，尽量扩大预制范围，提高预制装配程度，扩大机械化施工范围，提高机械化施工程度；合理安排施工进度，保持施工的均衡性与连续性；充分利用永久性设施为施工服务，节约大型暂设工程费用；充分利用当地资源，就地取材，节约运输成本；广泛采用国内外的先进施工技术与科学管理方法，认真贯彻施工验收规范与操作规程；努力节约施工用地，力争不占或少占农田。

2．施工组织总设计的编制依据

编制依据主要包括：

（1）计划文件。

（2）设计文件。

（3）合同文件。

（4）建设地区基础资料。

（5）有关的标准、规范和法律。

（6）类似建设工程项目的资料与经验。

（7）与工程有关的资源供应情况。

（8）施工企业的生产能力、机具设备状况、技术水平等。

3．施工组织设计编制的程序

（1）计算工程量。通常可以利用工程预算中的工程量，只有工程量计算准确才能保证劳动力和资源需要量计算正确，以及合理组织分层、分段流水作业，故工程必须根据图纸和较为准确的定额资料进行计算。

（2）确定施工方案。如果施工组织总设计已有原则规定，则该项工作的任务就是进一步具体化，否则应全面加以考虑。需要特别加以研究的是主要分部分项工程的施工方法和施工机械的选择，因为它对整个单位工程的施工具有决定性的作用。具体施工顺序的安排和流水段的划分，也是需要考虑的重点。

（3）组织流水作业，排定施工进度。根据流水作业的基本原理，按照工期要求，工作面的情况，工程结构对分层、分段的影响以及其他因素，组织流水作业，决定劳动力和机械的具体需要量以及各工序的作业时间，编制网络计划并按工作日排出施工进度。

（4）计算各种资源的需要量和确定供应计划。只要依据采用的劳动定额和工程量及进度就可以决定劳动量（以工日为单位）和每日的工人需要量。只要依据有关定额和工程量及进度，就可以计算确定材料和加工预制品的主要种类和数量及其供应计划。

（5）平衡劳动力、材料物资和施工机械的需要量并修正进度计划。只要根据对劳动力和材料物资的计算就可绘制出相应的曲线以检查其平衡状况。如果发现有过大的高峰或低谷，即应将进度计划做适当调整与修改，使其尽可能趋于平衡，以便使劳动力的利用和物资的供应更为合理。

（6）设计施工平面图。施工平面图应使生产要素在空间上的位置合理、互不干扰，能加快施工进度。

4. 施工方案制定的内容

施工方案包括的内容很多，主要有施工方法的确定，施工机具和设备的选择，施工顺序的安排，科学的施工组织，合理的施工进度，现场的平面布置及各种技术措施。施工方案前两项属于施工技术问题，后四项属于科学施工组织和管理问题。

（1）施工方法的确定：施工方法是施工方案的核心内容，具有决定性作用。施工方法一经确定，机具设备的选择就只能以满足它的要求为基本依据，施工组织也是在这个基础上进行的。

（2）施工机械的选择：正确拟定施工方案和选择施工机械是合理组织施工的关键，二者有相互紧密的联系。施工方法在技术上必须满足保证施工质量、提高劳动生产率、加快施工进度及充分利用机械的要求，做到技术上先进、经济上合理。而正确地选择施工机械能使施工方法更为先进、合理、经济。因此施工机械选择的好与坏很大程度上决定了施工方案的优劣。

（3）施工组织：施工组织是研究施工项目施工过程中各种资源合理组织的科学。施工项目是通过施工活动完成的，进行这种活动即施工需要有大量的各种各样的建筑材料，施工机械、机具和具有一定生产经验和劳动技能的劳动者，并且要把这些资源按照施工技术规律与组织规律，以及设计文件的要求，在空间上按照一定的位置，在时间上按照先后顺序，在数量上按照不同的比例，将它们合理地组织起来，让劳动者在统一的指挥下行动，由不同的劳动者运用不同的机具以不同的方式对不同的建筑材料进行加工。

（4）施工顺序的安排：施工顺序安排是编制施工方案的重要内容之一，施工顺序安排得好，可以加快施工进度，减少人工和机械的停歇时间，并能充分利用工作面，避免施工干扰，达到均衡、连续地施工，实现科学地组织施工，做到不增加资源、加快工期、降低施工成本。

（5）现场平面布置：科学地布置现场可减小施工机械和材料的二次搬运，并节省现场搬运的费用。

（6）技术组织措施：技术组织是保证选择的施工方案实施的措施，它包括加快施工进度，保证工程质量和施工安全，降低施工成本的各种技术措施。如采用新材料、新工艺、先进技术，建立安全质量保证体系及责任制，编写工序作业指导书，实行标准化作业，采用网络技术编制施工进度等。

2 进度计划的网络技术及其管理

组织工程施工是实现工程建设的重要环节。从施工专业来讲，至少包括工程施工技术、工程施工管理、工程施工组织、工程施工机械、工程经济和环境评价等专业方面的内容。从工程目标来讲，只有使工程在质量、进度、成本与安全方面达到行业规范既定要求，才能顺利实现工程建设。

本章所研究的内容属于施工组织的进度计划问题。工期控制是其核心标的，施工过程若要达到合同规定的工期目标，则必须有效地进行进度控制，确保计划的组织性、严密性。

2.1 网络进度计划的产生和发展

2.1.1 从横道图到网络图

长期以来，水利水电工程建设在安排生产和计划施工进度时，都习惯于采用横道图（Bar chart），即工程进度表。

第一次世界大战期间，美国法兰克福兵工厂的甘特（Gantt）在安排生产和进行计划管理时首先使用了横道图。因横道图简单明了、容易理解、容易绘制，所以至今仍被广泛应用。

作为计划管理的工具，横道图的主要缺点是各个工序（又称活动、任务）之间的相互依赖、相互制约关系不能被清晰、严格地反映出来。这一弊病使得它在应用时受到很大局限：无法看出某一工序推迟或提前对总工期的影响；在时间进度上，无法反映出哪些工序（任务）是关键的，哪些是非关键的；对于不同的计划安排不能比较其优劣；不能用计算机进行计算和优化。

自 20 世纪 50 年代以来，由于科学技术和生产力的迅速发展，生产社会化达到一个新水平，市场竞争和国际军备竞争日趋激烈，这就促使人们进行计划管理方法上的变革，网络计划技术在这种形势下应运而生。

1956 年美国杜邦公司在美国著名的"思想库"兰德公司的帮助下提出了"关键路线法"（简称 CPM）。在 1957 年被用于一个价值千万美元的化工厂建设取得显著成效后，又被用于生产设备的维修。其应用一年节省投资费用 100 万美元，相当于开发研究费用的 5 倍以上。

1957 年美国海军特种规划局因军备竞赛和开发宇宙空间的需要，提出"计划评审技术"（简称 PERT）。其首先用于北极星导弹核潜艇的研制，使承包和转包该工程的一万多家厂商可以协调一致地工作。其对计划进行了有效控制，使整个工程提前 2 年完成。接着"阿波罗"载人登月计划通过采用这种方法又获得了成功。1962 年美国有关部门规定，一切新开发的工程项目全面采用这种方法。

后来又在 CPM 和 PERT 的基础上发展了概率型网络计划法，即"图解评审法"（简称 GERT）；决策关键路线法（简称 DCPM）；组合网络计划法，即"搭接网络计划法"（简称 CNT）。形成了一大类计划管理的现代化方法。

2.1.2　网络计划技术的特点

（1）应用网络图最根本的优点是可以把整个工程项目各个工序间相互依赖、相互制约的关系清晰地表示出来。

（2）应用网络图能形象地把整个计划表示出来，这便是整个计划的数学模型。其可以通过计算机进行计算，通过计算可以了解哪些工序是关键工序，必须确保按期完成，哪些工序有潜力可挖，以便于对计划执行进行有效地监督和控制。

（3）不同计划的优劣可以进行比较，以便于从众多的可行方案中选择最优方案，付诸实施。

（4）可以将工期与费用、资源一并考虑、统筹安排，对计划进行优化和调整。

（5）网络计划技术适用于一次性、开发性的工程项目。由于水利水电工程项目也具有"一次性"的特点，所以也特别适用于水利水电工程项目的计划管理和进度控制。

2.2　关键路线法和计划评审法

尽管 CPM 和 PERT 是彼此相互独立发展起来的两种方法，但它们的基本原理是一致的，具有相同的特点，即用网络作为整个计划的模型，表示计划的实施过程，并且都是以最长路线作为关键路线（即关键线路）予以重点管理。对关键路线上的工序，予以重点控制。两者不同之处在于 CPM 是以经验数据为基础，不计入不确定因素。因此，有人把 CPM 称为"肯定型网络计划法"，CPM 还把工期和费用结合起来一块考虑，多用于工程建设；PERT 则是在没有经验数据可循时，用"三时估计法"确定工序持续时间，考虑不确定因素，因此被称为"非肯定型网络计划法"，它偏重于时间控制，多用于开创性的科研和攻关项目的组织管理。

此外，CPM 和 PERT 都可以用双代号网络图和单代号网络图表示。美国喜欢用前者，而欧洲更喜欢用后者。我国在引用网络进度计划时，以前者或双代号网络图为主，下面予以介绍。

2.3　双代号网络计划

2.3.1　组成要素

组成双代号网络图的要素：工序、事项和路线。组成网络图的几何元素为箭线（Arrow）和结点（节点，Node）。

1. 工序（Activity）

（1）工序又称工作、任务、作业或者活动、项目。若是工程中实际存在的，则是一项既需要消耗时间又需要消耗资源（指人力、物力及财力）的活动过程，这个称为实体工序。

值得注意的是，在网络进度图中，既不消耗资源又不消耗时间的工序称为虚工序。它通常用虚箭线来表示，虚工序实际上是用来表示工序间逻辑关系的一种符号。

还有一种不消耗资源，但要消耗时间的活动过程也是工序，可以称为不实不虚工序。如混凝土浇筑后的养护过程，几乎不消耗资源，但需要花时间完成，仍然是工序，等待也是这种活动的一个代表。不实不虚工序的另一种形式，不消耗时间，但要消耗资源的活动一般是不存在的，短路、崩塌是其中的例子，均属于事故形态的表现。

在双代号网络图中，工序用箭线表示，工序和虚工序见图2-1。图中 i 为箭尾结点，表示工序的开始，j 为箭头结点，表示工序的结束。工序分为实体工序、虚工序及不实不虚工序。实体工序指既耗费时间又耗费资源的工序，在工程中是实际存在的；虚工序指既不耗费时间又不耗费资源的工序，在实际工程中是不存在的；不实不虚工序指耗费时间但不耗费资源或不耗费时间但耗费资源的工序。

（a）工序   （b）虚工序

图 2-1　工序和虚工序

（2）工序间的关系（见图2-2）。

1）紧前工序：相对于 $i—j$ 而言，紧接在本工序 $i—j$ 之前的工序 $h—i$，称为 $i—j$ 的紧前工序，即 $h—i$ 完成后，本工序即可开始；若不完成，本工序不能开始。

图 2-2　工序间的关系

2）紧后工序：紧接在本工序 $i—j$ 之后的工序 $j—k$，称为 $i—j$ 的紧后工序，本工序完成之后，紧后工序便可开始。否则，紧后工序不能开始。

3）平行工序：可以和本工序 $i—j$ 同时开始和同时结束的工序。

在绘制网络图时，最重要的是明确各工序之间的紧前或紧后关系。只要这一点弄清楚了，其他任何复杂的关系都能借助网络图中的紧前或紧后关系表达出来。

2. 事项（Event）

事项又称事件，表示某一工序的开始或结束。事项在双代号网络图中用结点表示。事项并不消耗时间，是一个瞬时概念，表示某一项或几项工序已经结束，另外一项或几项工序可以开始的瞬间。

（1）事项的特点：

1）瞬时性。一种状态，表示某一工序已经结束，其紧后工序可以开始的瞬间。

2）衔接性。工序之间的相互关系是通过用事项来衔接的。

3）易检性。事项表示紧前工序在某一瞬时应当结束，其紧后工序可以开始，有利于检查工程项目的进度，这对进度控制是有利的。

（2）事项的分类：

1）总开工事项。一个工程项目开始的事项，其相应的结点为总开工结点。

2）总完工事项。一个工程项目全部结束的事项，相应的结点称为总完工结点。

3）开始事项。表示一个工序开始的事项。

4）完成事项。表示一个工序完成的事项。

3. 路线（Path）

路线又称路径。网络图上由总开工结点开始，沿箭线方向通过一系列工序和事项不断地到达终点所形成的一条通路。

路线上所有工序持续时间之和称为该条路线的长度。

一个网络图有多条路线，其中最长的路线称为关键路线（Critical path），关键路线上的各个工序称为关键工序。关键路线的长度就是总工期。关键工序提前或推迟对总工期有直接影响。能够找出关键路线，并加以重点管理和控制，是网络计划技术的特点和精华之一。

2.3.2 绘制规则

1. 基本规则

网络图绘制的基本规则：

（1）网络图是有方向的。从总开工结点开始，各工序按其相互关系从左向右顺序连接，直到总完工结点。

（2）网络图中不允许有循环回路。网络图有循环回路的错误画法（见图 2-3），一般是因工序间逻辑关系搞错而形成的。

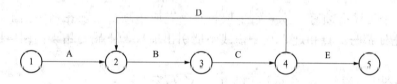

图 2-3 网络图有循环回路的错误画法

（3）任意两个结点间最多只能有一条箭线。平行工序的表示法见图 2-4。图 2-4（a）的画法是错误的。引进两个虚工序后，正确画法如图 2-4（b）所示。为了满足本条原则，同时又能准确地表达两个或两个以上可以同时开始并且可以同时结束的平行工序，必须适当用虚工序。一般有 n 个平行工序需应用 $n-1$ 个虚工序，且方向要正确。

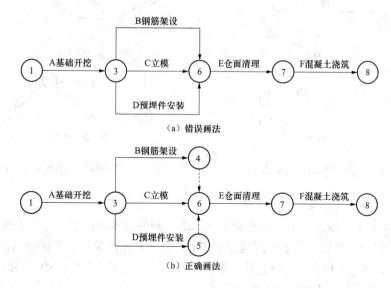

（a）错误画法

（b）正确画法

图 2-4 平行工序的表示法

（4）网络图中，除总开工结点外，每个结点前至少有一个工序（箭线）与其连接。除总完工结点外，每个结点后至少有一个箭线（工序）紧随其后。也就是说各项工序间不能有间断。除总开工结点和总完工结点外，每个结点既表示前面工序的完工事项，又表示其后工序的开始事项。网络中结点或工序之前的衔接关系见图 2-5。其中图 2-5（a）的画法是错误的。

从工序的角度来讲，除与总开工结点和总完工结点相连的工序外，每一道工序都必须有一个紧前工序和紧后工序与其相连。

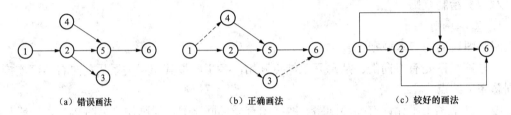

（a）错误画法　　　　　　　　　（b）正确画法　　　　　　　　　（c）较好的画法

图 2-5　网络中结点或工序之前的衔接关系

（5）每一个工序必须有一个开始事项和一个完成事项，反映在网络图上，每一个箭线必须在首尾处都与结点相连，任一箭线不能引出箭线，正确与错误的网络图画法如图 2-6 所示。

（6）网络图中一般只有一个总开工结点，一个总完工结点。

（7）绘制网络图力求简洁、整齐、清晰、重点突出、布局合理。如，复杂与简洁的网络图画法如图 2-7 所示。图 2-7（a）、图 2-7（b）表示同一个网络计划，但图 2-7（a）就不如图 2-7（b）清晰明了。

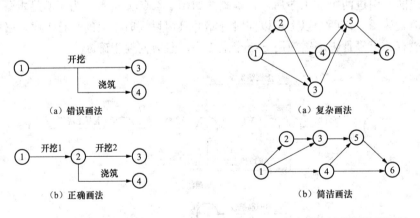

图 2-6　正确与错误的网络图画法　　　　　图 2-7　复杂与简洁的网络图画法

2. 工序间常见逻辑关系的画法示例

当各工序间的关系确定之后，可根据上述网络绘制的基本原则绘制出正确的网络图。

示例 1 见表 2-1。当知道各工序的紧前工序时，可依据此推算出各工序的紧后工序。示例 2 见表 2-2。因为表 2-2 和表 2-1 的关系是等价的，所以在表示各工序间的关系时，仅列出紧前工序或紧后工序即可，不必将两者同时列出。

表2-1	示例1
工序	紧前工序
A	—
B	—
C	—
D	A
E	B
F	C
G	D、E
H	B、F

表2-2	示例2
工序	紧后工序
A	D
B	E、H
C	F
D	G
E	G
F	H
G	—
H	—

【**例2-1**】 据表2-1的工序关系，画出双代号网络图。

解：表2-1的双代号网络图见图2-8。

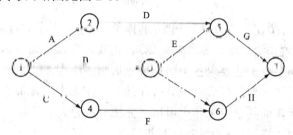

图2-8 表2-1的双代号网络图

【**例2-2**】 据示例3（见表2-3）的工序关系，画出双代号网络图。

表2-3	示例3
工序	紧前工序
A	—
B	A
C	B
D	A
E	B、D
F	E、C
G	F

解：表2-3的双代号网络图见图2-9。

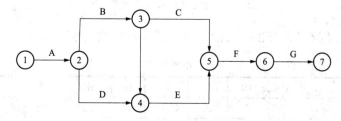

图2-9 表2-3的双代号网络图

【例 2-3】 据示例 4（见表 2-4）的工序间关系，画出双代号网络图。

表 2-4　　　　　　　　　　　　　　　　　　　示例 4

活动名称	A	B	C	D	E	F	G
紧前活动	-	A	A	B	D	C	E、F
说明	G 为结束活动						

解：表 2-4 的双代号网络图见图 2-10。

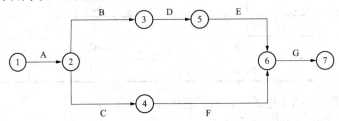

图 2-10　表 2-4 的双代号网络图

从上面三个例子可以看出，当一个工序要"选择"一组平行工序中的某些工序作为其紧前工序或紧后工序时，为了遵循绘制网络图的基本规则，也要适当借助虚工序，否则是无法实现的。

一个工程项目，如果按工艺要求各工序需按先后顺序衔接才能完成，为了缩短工期，在安排计划时，可以考虑将各个工序适当地分成几部分。在人力、设备不变的条件下，每个工序各部分可以顺次进行，而其紧后工序也可以在完成一部分之后开始。这样一来，各工序间就由前后"串联"变为"搭接"，从而使总工期缩短。

【例 2-4】 据示例 5（见表 2-5）的工序间关系，画出双代号网络图。

表 2-5　　　　　　　　　　　　　　　　　　　示例 5

活动名称	A	E	H	B	C	D	F	G	I	K	J
紧前活动	-	-	-	H	B、E	C	A	F	C	D	G、I
说明	K、J 为结束活动										

解：表 2-5 的双代号网络图见图 2-11。

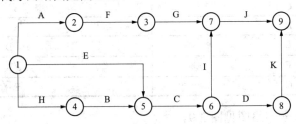

图 2-11　表 2-5 的双代号网络图

【例 2-5】 据示例 6（见表 2-6）的工序间关系，画出双代号网络图。

表 2-6　　　　　　　　　　　　　　　　　　　示例 6

活动名称	A	B	C	D	E	F	G	H	I	J	K
紧前活动	-	-	-	B	A	C、D	E	E、F	H	G、I	H
说明	K、J 为结束活动										

解：表 2-6 的双代号网络图见图 2-12。

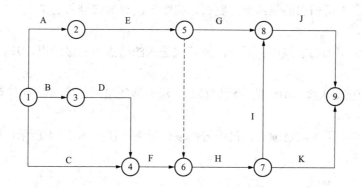

图 2-12 表 2-6 的双代号网络图

2.3.3 结点编号

网络图的结点必须编号，具体方法如下：

（1）结点的号码可以是 0 和正整数，可以连续编号，也可以间断编号。为了便于网络的修改和增补，可以适当间断，但间断不能过大，以免在计算机计算时占用太多的内存。

（2）结点编号时必须遵守的规则：任意两个结点的编号不能相同。

（3）从理论上讲，结点编号的顺序是可以任意的。

（4）在手工绘制网络图和计算时间参数时，为了避免出现循环回路，通常要求每个工序开工结点的编号 i 小于完工结点的编号 j，即 $i<j$。在应用没有排序功能的网络计算程序时，通常也要求 $i<j$，以便输入原始数据。

给网络图的结点编号时，为了满足 $i<j$，可用"箭线消去法"给结点分"级"（Rank），按级的由小到大顺序编号，同级结点编号顺序可以任意，这样编出的号码一定可以满足 $i<j$。下面试举例说明。

【例 2-6】 给未编号的双代号网络图（见图 2-13）的结点编号，要求 $i<j$。

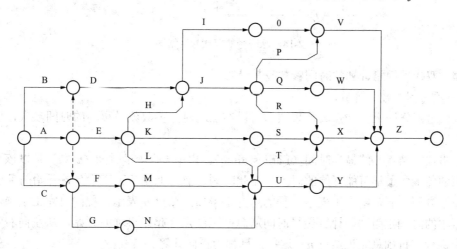

图 2-13 未编号的双代号网络图

解：按下列步骤编号。

（1）图 2-13 中唯一没有箭线进入的结点即总开工结点，为一级结点，设编号为①。

（2）将由结点 1 所引出的箭线全部删去，得唯一没有箭线进入的结点为二级结点，设编号为②。

（3）将结点 2 引出的箭线删去后，没有箭线进入的结点为三级结点，共有三个，设编号分别为③、④和⑤。

（4）将由结点 3、4 和 5 引出的箭线删掉后，没有箭线进入的四级结点有 4 个，设编号分别为⑥、⑦、⑧、⑨。

（5）类似地给余下各结点编号，已编号的双代号网络图如图 2-14 所示，图 2-14 中各级结点及其编号如下：

一级结点编号：①。

二级结点编号：②。

三级结点编号：③、④、⑤。

四级结点编号：⑥、⑦、⑧、⑨。

五级结点编号：⑩、⑪、⑫。

六级结点编号：⑬、⑭、⑮、⑯。

七级结点编号：⑰。

八级结点编号：⑱。

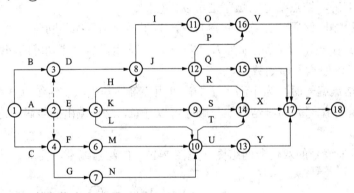

图 2-14　已编号的双代号网络图

2.3.4　双代号网络计划的时间参数及其计算

1. 事项时间参数的计算

在双代号网络图上，结点表示事项，所以结点的时间参数就是事项的时间参数，以后两者不再加以区别。

（1）事项（结点）的最早时间（Earliest time）。事项 i 的最早时间 $TE(i)$ 是以该事项为开始事项的各工序最早可能开始的时刻，在此时刻之前，上述各工序不具备开始的条件。

为叙述方便，假定结点 1 表示工程的总开工事项，结点 n 表示工程的总完工事项，并将总开工事项的时刻定为 0。计算最早时间从总开工结点（起始事项）开始，从左向右顺箭线方向逐个进行，直到总完工结点 n，这种计算称为正向计算。

1）总开工结点：

$$TE(1)=0 \tag{2-1}$$

2）若结点 j 只有一个箭线进入，且已知 $TE(i)$，则有

$$TE(j)=TE(i)+T(i,j)$$

对于交汇结点，即有多条箭线进入的结点，则有

$$TE(j) = \max_{\forall i}[TE(i) + T(i,j)] \tag{2-2}$$

式中　i——以 j 为结束事项的工序的开始事项。

求结点 8 的最早时间 TE（8）见图 2-15。

$$TE(8) = \max[TE(3) + T(3,8), TE(4) + T(4,8), TE(5) + T(5,8)]$$
$$=\max[(6+6),(3+8),(7+3)]=12$$

由式（2-2）可知，结点的最早时间 $TE(j)$ 就是以 j 为结束结点的所有工序都能够完成的时刻。

总完工结点 n 的最早时间 $TE(n)$ 就是工程项目最早可能完成的时刻，它与总开工结点最早时间之差，称为计算工期，也就是完成工程项目所需要的最短的总工期。若计算工期满足总工期的要求，则总工期等于 $TL(n)$。

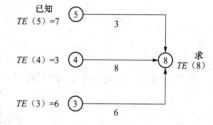

图 2-15　求结点 8 的最早时间 TE（8）

（2）事项的最迟时间（Latest time）。

事项 i 的最迟时间 TL（i）是指在保证总工期 TE（n）的前提下，以事项 i 为完成事项的各工序最迟必须完成的时刻。计算事项的最迟时间是由总完工结点 n 开始，从右向左逆箭线方向逐个进行，直到总开工结点 1，这种计算称为逆向计算。

1）对于总完工结点：

$$TL(n)=TE(n) \tag{2-3}$$

2）若结点 i 只引出一条箭线，则有

$$TL(i)=TL(j)-T(i,j) \tag{2-4}$$

若结点 i 为分支点，有多个箭线引出时，则有

$$TL(i) = \min_{\forall j}[TL(j) - T(i,j)] \tag{2-5}$$

式中　j——以 i 为开始事项的工序的完成事项。

求结点 3 的最迟时间 TL（3）见图 2-16。

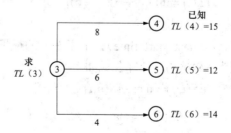

图 2-16　求结点 3 的最迟时间 TL（3）

$$TL(3) = \min[TL(4) - T(3,4), TL(5) - T(3,5), TL(6) - T(3,6)]$$
$$= \min[(18-8),(12-6),(14-4)] = 6$$

【例 2-7】　结点时间参数的计算见图 2-17。已知如图 2-17 所示的网络图，图中箭线上面

为工序名称，箭线下面为工序时间，试计算各结点时间参数。

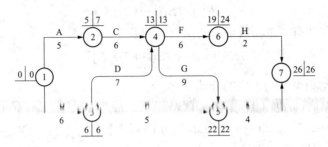

图 2-17　结点时间参数的计算

解：（1）正向计算，计算结点最早时间：

$$TE(1)=0$$
$$TE(2)=TE(1)+T(1, 2)=0+5=5$$
$$TE(3)=TE(1)+T(1, 3)=0+6=6$$
$$TE(4)=\max[TE(2)+T(2, 4), TE(3)+T(3, 4)]=\max[(5+6), (6+7)]=13$$

类似地，可以求得

$$TE(5)=\max[(6+5), (13+9)]=22$$
$$TE(6)=13+6=19$$
$$TE(7)=\max[(19+2), (22+4)]=26$$

（2）逆向计算，计算结点最迟时间：

$$TL(7)=TE(7)=26$$
$$TL(6)=TL(7)-T(6, 7)=26-2=24$$
$$TL(5)=TL(7)-T(5, 7)=26-4=22$$
$$TL(4)=\min[TL(5)-T(4, 5), TL(6)-T(4, 6)]=\min[(22-9), (24-6)]=13$$

类似地，可以求得

$$TL(3)=\min[(13-7), (25-5)]=6$$
$$TL(2)=13-6=7$$
$$TL(1)=\min[(7-5),(6-6)]=0$$

2. 工序时间参数的计算

（1）工序最早开始时间（Earliest start time）。工序 i—j 的最早开始时间就是它的所有紧前工序全部完成的时刻，记为 $ES(i, j)$，计算公式如下：

$$ES(i, j)=\max_{\forall h}[ES(h,i)+T(h,i)] \tag{2-6}$$

$$ES(i, j)=\max_{\forall h}[EF(h,i)] \tag{2-7}$$

式中　h——工序 i—j 的紧前工序的开始结点。

（2）工序最早完成时间（Earliest finish time）。工序 i—j 的最早完成时间记为 $EF(i,j)$，计算公式如下：

$$EF(i, j)=ES(i, j)+T(i, j) \tag{2-8}$$

（3）工序最迟完成时间（Latest finish time）。工序 i—j 的最迟完成时间是指在保证总工期的前提下，工序 i—j 本身最迟必须完成的时刻，记为 $LF(i, j)$，计算公式如下：

$$LF(i,j) = \min_{\forall k}[LF(j,k) - T(j,k)] \tag{2-9}$$

$$LF(i,j) = \min_{\forall k}[LS(j,k)] \tag{2-10}$$

（4）工序最迟开始时间（Latest start time）。工序 i—j 的最迟开始时间记为 $LS(i, j)$，计算公式如下：

$$LS(i,j) = LF(i,j) - T(i,j) \tag{2-11}$$

【**例 2-8**】 利用［例 2-7］所计算的结点时间参数，计算如图 2-17 所示的网络计划中各工序的时间参数。

解：（1）计算工序最早开始时间 $ES(i,j)$：

$$ES(1,2) = TE(1) = 0$$
$$ES(1,3) = TE(1) = 0$$
$$ES(2,4) = TE(2) = 5$$
$$ES(3,4) = TE(3) = 6$$
$$ES(3,5) = TE(3) = 6$$
$$ES(4,5) = TE(4) = 13$$
$$ES(4,6) = TE(4) = 13$$
$$ES(5,7) = TE(5) = 22$$
$$ES(6,7) = TE(6) = 19$$

（2）计算工序最早完成时间 $EF(i,j)$：

$$EF(1,2) = ES(1,2) + T(1,2) = 0 + 5 = 5$$
$$EF(1,3) = ES(1,3) + T(1,3) = 0 + 6 = 6$$
$$EF(2,4) = ES(2,4) + T(2,4) = 5 + 6 = 11$$

类似地，可以算出

$$EF(3,4) = 6 + 7 = 13$$
$$EF(3,5) = 6 + 5 = 11$$
$$EF(4,5) = 13 + 9 = 22$$
$$EF(4,6) = 13 + 6 = 19$$
$$EF(5,7) = 22 + 4 = 26$$
$$EF(6,7) = 19 + 2 = 21$$

（3）计算工序最迟完成时间 $LF(i,j)$：

$$LF(6,7) = TL(7) = 26$$
$$LF(5,7) = TL(7) = 26$$

类似地，可以算出

$$LF(4,6) = TL(6) = 24$$
$$LF(4,5) = TL(5) = 22$$
$$LF(3,5) = TL(5) = 22$$
$$LF(3,4) = TL(4) = 13$$
$$LF(2,4) = TL(4) = 13$$

$$LF(1,3)=TL(3)=6$$
$$LF(1,2)=TL(2)=7$$

（4）计算工序最迟开始时间 $LS(i,j)$：

$$LS(6,7)=LF(6,7)-T(6,7)=26-2=24$$
$$LS(5,7)=LF(5,7)-T(5,7)=26-4=22$$

类似地，可以算出

$$LS(4,6)=24-6=18$$
$$LS(4,5)=22-9=13$$
$$LS(3,6)=22-5=17$$
$$LS(3,4)=13-7=6$$
$$LS(2,4)=13-6=7$$
$$LS(1,3)=6-6=0$$
$$LS(1,2)=7-5=2$$

（5）工序总时差（Total float）。在不影响总工期的前提下，如果工序 $i—j$ 实际结束时间可以比其最早完成时间推迟一段时间，这个时段的最大值称为工序 $i—j$ 的总时差，记为 $TF(i,j)$。工序总时差也就是在保证总工期的前提下，该工序可以利用的最大机动时间，或者说是该工序可能允许的最大时间延误值。由定义得

$$TF(i,j)=LF(i,j)-EF(i,j) \tag{2-12}$$

或

$$TF(i,j)=LS(i,j)-ES(i,j) \tag{2-13}$$

我们知道，计算工期 $TE(n)$ 是完成工程项目所需要的最短的总工期，当 $TE(n)$ 满足规定总工期要求时，总完工结点 n 的最迟时间 $TL(n)=TE(n)$，在这种前提下：

$$LF(i,j) \geqslant EF(i,j) \tag{2-14}$$

所以有

$$TF(i,j) \geqslant 0$$

即工序总时差为不小于 0 的数。

下面在讨论时差特点时，如果没有特别指出，都是在 $TL(n)=TE(n)$ 的前提下讨论的。

（6）工序单时差（Free float）。在不影响紧后工序的前提下，工序 $i—j$ 实际完成时间可以比其最早完成时间推迟一段时间，这个时段的最大值称为工序 $i—j$ 的单时差，记为 $FF(i,j)$。

一个工序的完成时间只要不迟于其紧后工序的最早开始时间，就不会影响紧后工序。设工序 $j—k$ 是工序 $i—j$ 的紧后工序，则有

$$FF(i,j)=ES(j,k)-EF(i,j) \tag{2-15}$$

总时差和单时差的关系：

由

$$TF(i,j)=LF(i,j)-EF(i,j)$$

得

$$TF(i,j)=TL(j)-TE(i)-T(i,j) \tag{2-16}$$

由

$$FF(i,j)=ES(j,k)-EF(i,j)$$

得

$$FF(i,j)=TE(j)-TE(i)-T(i,j) \tag{2-17}$$

用式（2-16）减去式（2-17）得

$$TF(i,j)-FF(i,j)=TL(j)-TE(j) \geqslant 0 \tag{2-18}$$

所以有

$$TF(i,j) \geqslant FF(i,j) \tag{2-19}$$

假设工序 i—j 的紧后工序是 j—k，工序 i—j 的总时差 $TF(i,j)$ 和单时差 $FF(i,j)$ 的关系如图示 2-18 所示。

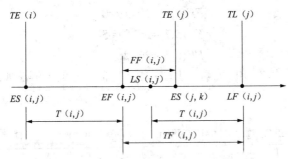

图 2-18　工序 i—j 的总时差 $TF(i,j)$ 和单时差 $FF(i,j)$ 的关系

因此，单时差是总时差的组成部分。也就是说，总时差不小于单时差，当总时差为 0 时，单时差一定为 0。这也是不难理解的，因为某一工序结束时间的推迟，首先是对其紧后工序产生影响，然后才对总工期产生影响。

如前所述，网络计划中各工序间的逻辑关系是根据工程项目的实施程序、工艺要求和组织结构确定的，在网络图上形成互相交织在一起的长短不一的路线。为了保证按最短的工期完工，有的工序就比较紧、比较急，有的工序就比较松，比较缓。工序时差能定量地反映工序的松紧、缓急程度。

【例 2-9】 利用［例 2-8］的计算结果，计算图 2-17 中各工序的总时差和单时差，并求出关键路线。

解：（1）计算工序总时差 $TF(i,j)$：

$$TF(1,2)=LF(1,2)-EF(1,2)=7-5=2$$
$$TF(1,3)=LF(1,3)-EF(1,3)=6-6=0$$

类似地算得

$$TF(2,4)=13-11=2$$
$$TF(3,4)=13-13=0$$
$$TF(3,5)=22-11=11$$
$$TF(4,5)=22-22=0$$
$$TF(4,6)=24-19=5$$
$$TF(5,7)=26-26=0$$
$$TF(6,7)=26-21=5$$

由此得出关键工序为 1—3，3—4，4—5，5—7。

关键路线为①→③→④→⑤→⑦。

（2）计算工序单时差 $FF(i,j)$：

$$FF(1,2)=ES(1,2)-EF(1,2)=5-5=0$$
$$FF(1,3)=ES(1,3)-EF(1,3)=6-6=0$$

类似地算得

$$FF(2,4)=13-11=2$$
$$FF(3,4)=13-13=0$$
$$FF(1,6)=22-22=0$$
$$FF(3,6)=22-11=11$$
$$FF(4,5)=19-19=0$$
$$FF(5,7)=26-21=5$$
$$FF(6,7)=26-26=0$$

最后将工序时间参数写在相应的箭线上面，工序时间参数的图解法如图 2-19 所示。图 2-19 中关键路线用粗线画出。

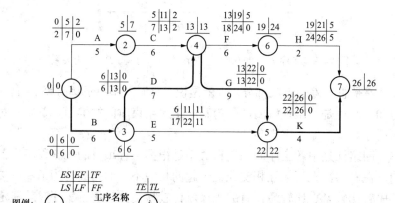

图 2-19　工序时间参数的图解法

如［例 2-7］［例 2-8］［例 2-9］所示，应用时间参数计算式直接在网络图上进行计算的方法称为图算法或六时法。在实际应用中，为应用方便，计算的成果还要列表说明，时间参数计算成果（图算法）见表 2-7。

表 2-7　　　　　　　　　　　时间参数计算成果（图算法）　　　　　　　　　　单位：天

序号	工序名称	代号 $i—j$	工序时间 $T(i,j)$	最早开始 ES	最早结束 EF	最迟开始 LS	最迟结束 LF	总时差 TF	单时差 FF	关键工序
1	A	1—2	5	0	5	2	7	2	0	
2	B	1—3	6	0	6	0	6	0	0	√
3	C	2—4	6	5	11	7	13	2	2	
4	D	3—4	7	6	13	6	13	0	0	√
5	E	3—5	5	6	11	17	22	11	11	
6	F	4—5	9	13	22	13	22	0	0	√
7	G	4—5	6	13	19	18	24	5	0	
8	H	5—7	4	22	26	22	26	0	0	√
9	K	6—7	2	19	21	24	26	5	5	

3. 用表算法计算时间参数

对于网络计划时间参数的计算，除前面所介绍图算法外，还可以用表算法和电算法进行计算。图算法虽然简单明了，但在图上标注许多参数很不方便、实用，计算成果仍需列表汇总。再者，图算法的规律不明显，计算过程中要"见图行事"。表算法则规律性很强，其过程很容易用算法语言进行描述，因此，是向电算法过渡的一种方法，当手头没有现成的计算软件时，很容易通过自己编制的电算程序进行电算。下面通过［例 2-10］说明表算法的计算过程。

【例 2-10】 计算某基础工程的网络图（见图 2-20）的时间参数。

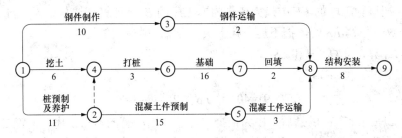

图 2-20　某基础工程的网络图

解：（1）设计计算表格：表格的栏目应当包括网络图中的全部信息和计算之后的全部数据，时间参数计算成果如表 2-8 所示，实际应用中有时还要填写工序的资源消耗等内容，可视具体情况增补。

表 2-8　　　　　　　　　　　　　　时间参数计算成果　　　　　　　　　　　　　　单位：天

序号	工序名称	工序代号 $i-j$	工序时间 $T(i,j)$	最早开始 ES	最早结束 EF	最迟开始 LS	最迟结束 LF	总时差 TF	单时差 FF	关键工序
(0)	(1)	(2)	(3)	(4)	(5)	(6)	(7)	(8)	(9)	(10)
1	桩预制及养护	1—2	11	0	11	0	11	0	0	√
2	钢件制作	1—3	10	0	10	20	30	20	0	
3	挖土	1—4	6	0	6	5	11	5	5	
4	虚工序	2—4	0	11	11	11	11	0	0	√
5	混凝土件预制	2—5	15	11	26	14	29	3	0	
6	钢件运输	3—8	2	10	12	30	32	20	20	
7	打桩	4—6	3	11	14	11	14	0	0	√
8	混凝土件运输	5—8	3	26	29	29	32	3	3	
9	混凝土基础	6—7	16	14	30	14	30	0	0	√
10	回填	7—8	2	30	32	30	32	0	0	√
11	结构安装	8—9	8	32	40	32	40	0	0	√

注　括号中数字表示顺序。

（2）填表：要求将已知网络计划的全部信息载入表内。先填第（2）栏。工序的代号 $i-j$ 按工序开始结点的级的由小到大顺序自上而下填写，接着填写相应的工序名称和工序时间。

注意，虚工序也要参与运算，填入表格。

（3）正向计算，计算 ES 和 EF：

1）起始工序的计算：

$$ES(1,2)=0 \qquad EF(1,2)=0+11=11$$
$$ES(1,3)=0 \qquad EF(1,3)=0+10=10$$
$$ES(1,4)=0 \qquad EF(1,4)=0+6=6$$

2）后续工序的计算：以紧前工序为依据，注意找出全部紧前工序（即结束结点与本工序开始结点相同的工序）。关键是计算 ES，根据本工序的箭尾结点找上面与其编号相同的箭头结点所在行，把该行工序的 EF 中最大值作为本工序的 ES。计算方法总结为"自上而下，ES 与 EF 交替填算。填写 ES 时，据下尾，找上头，取 EF 中最大值"。

（4）逆向计算，计算 LF 和 LS：

1）最终工序的计算：

$$LF(8,9)=40 \qquad LS(8,9)=40-8=32$$

2）前面工序的计算：以紧后工序为依据，注意找出所有的紧后工序，关键是计算 LF，法则为"自下而上，LF 与 LS 交替填算，填写 LF 时，据上头，找下尾，取 LS 中最小值"。

3）计算总时差 TF 和单时差 FF：

$$TF(i,j)=LF(i,j)-EF(i,j)$$

即用第（7）栏中的值减去第（5）栏中的值。

总时差为 0 的工序在第（10）栏"关键工序"栏内记"√"，否则不填。

$$FF(i,j)=ES(j,k)-EF(i,j)$$

计算方法：据上头，找下尾，用下面的 ES 减去上面的 EF 即得。全部计算成果列入表 2-8 的第（4）～（10）栏内。

2.3.5 关键路线的确定

1．数线路法

找出网络进度计划图中可能的组合线路，分别计算其长度，累加时间最长的线路即为关键线路。对于简单的双代号网络，此法可行。

2．计算法

根据工序时间参数计算的结果，找出总时差为零的工序。总时差为零的工序称为关键工序，由关键工序连接起来所组成的路线就是关键路线，关键路线上的各工序持续时间之和就是工程的计算工期，这是工程项目能够完工的最短工期。

在实际大工程中，此法为找关键线路的可靠甚至是唯一的方法。

3．破圈法或断路法

按结点的级的由小到大顺序，考查所有由箭线交汇的结点，有交汇点处必有两条边围成圈，按"去短留长"原则，破掉短边，去掉短边中进入结点的箭线。所有的圈都破了以后，剩下的通路即为关键路线。

类似于数线路法，对于不太复杂的双代号网络，此法可行。

【例 2-11】 破圈法关键路线见图 2-21，求如图 2-21（a）所示网络计划的关键路线。

解：（1）考查交汇点④，由边①→④和①→③→④围成圈，将短边①→④去掉，如图 2-21

（b）所示。

（2）在交汇点⑤，由①→②→⑤和①→③→④→⑤围成圈，将短边中的②→⑤箭线去掉，如2-21（c）所示。

（3）用同样方法在交汇点⑦处先后去掉⑥→⑦和③→⑦，最后如图2-21（d）所示，唯一通路①→③→④→⑤→⑦→⑧即为关键路线。其计算工期：$T = 9+26+7+10 = 52$（天）。

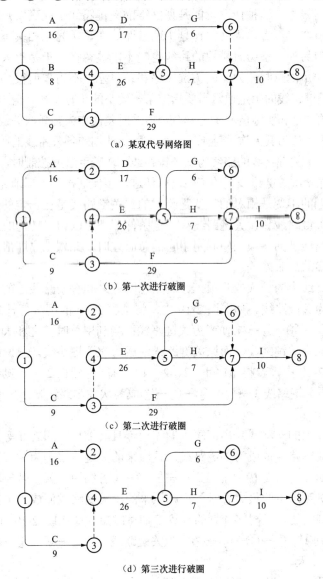

图 2-21　破圈法关键路线

破圈时需要注意，只能去掉进入交汇点的箭线，不能将所有的短边中的箭线都去掉，其余箭线有可能与其他箭线组成更长的边。

破圈法在不计算出时间参数时即可知道关键路线和工期，这在安排初始计划时，可以及时发现问题，以便及时调整和优化。

掌握和控制关键路线是网络计划技术的精华之一，也是进度控制的重要方法和手段。如果某个关键工序延长一段时间，则整个工程项目的完工日期就要延迟相同的时间。如果某个关键工序提前一段时间完成，则工程项目的完工日期也会提前（但不一定等于该工序提前的时间）。因此，要尽可能好地实现项目的合同目标，保证工程项目按合同规定的时间完成或提前完成，就必须抓住关键路线，从控制关键路线着手，进行进度控制。

由于水电工程建设中经常出现间歇、等待等占用工期、不消耗资源的工序，这种工序有时也会出现在关键路线上，这种情况可能是使网络的关键路线不能真实反映出工作量、资源消耗量的主要矛盾所在。再者，当网络计划中两条路线在总历时上相关不多时，历时最长的一条是关键路线。但另外一条历时稍短的路线也绝不能被忽视，于是有人提出了次关键路线的概念。次关键路线是由总时差为零的关键工序和总时差虽不为零但很小的工序（称为次关键工序）组成。次关键路线的确定通常需要指定某一较小的总时差容许值，通常根据总工期的长短，各工序时差的大小和实际情况确定一个合适的时差值作为判断次关键工序的标准。凡总时差小于该值的工序，认为其为次关键工序。如果网络计划的各条路线的历时均已算出，也可以直接选定历时仅次于关键路线的路线为次关键路线。在着手进度控制时，不但要抓紧关键路线上的工序，还要抓紧次关键路线上的工序，以便进一步保证按期和提前完成工程项目。

应当明白，计划的不变是相对的，变是绝对的。关键路线是在一定的条件下形成的，而不是固定不变的。关键路线和非关键路线在一定条件下是可以相互转化的：

（1）当非关键路线上的某项工序利用了它的总时差时，此项工序即成为关键工序，并影响到线路上其他工序的总时差。

（2）当次关键路线上的一项或几项工序利用总时差之和等于路线上的最大总时差时，则该次关键路线便成为关键路线。如在图 2-19 中，将工序 2—4 的历时延长为 8 天，即 T（2，4）= 8 时，则①→②→④→⑤→⑦便成为关键路线；当利用总时差之和大于最大总时差时，则该次关键路线便成为关键路线，而原关键路线便成为次关键路线，且网络计划的计算工期也要延长。如在图 2-19 中，若将工序 1—2、2—4 的时间各延长 2 天，则①→②→④→⑤→⑦便为关键路线，原关键路线①→③→④→⑤→⑦成为次关键路线，计算工期将为 28 天，比原来延长 2 天。

（3）当关键路线上的一项或几项工序工期缩短，且其缩短时间之和等于次关键路线上的最大总时差，则次关键路线也成为关键路线，且原来的关键路线仍为关键路线，网络计划的计算工期会缩短。如，将图 2-19 中的工序 1—3、3—4 各缩短一天。若一项或几项工序缩短时间之和大于次关键路线中的最大总时差，则原来的次关键路线便成为关键路线，而原关键路线则转换成次关键路线，且网络计划的计算工期将缩短。如在图 2-19 中，将工序 1—3、3—4 各缩短 2 天，则①→②→④→⑤→⑦成为关键路线，而①→③→④→⑤→⑦成为次关键路线，工期缩短为 24 天。

因此，在编制网络计划以及进行进度控制时，要以发展的、动态的观点来看待关键路线。这样才能使我们时刻抓住进度控制的主要矛盾，及时预测、尽早发现问题，以便于采取措施纠正偏差。

2.3.6　带有时间坐标的网络图（简称时标网络）

1. 带有时间坐标的网络图的特点

到目前为止，我们所绘制的网络图都是不带时间坐标的网络图，其特点是表示工序箭线的长度与该工序持续时间的长短无关。而带有时间坐标的网络图则以一水平横线为时间坐标，表示工序箭线的水平投影长度等于该工序的持续时间。这样，在图上各工序的时间参数和各工序间的关系便一目了然。

2. 带有时间坐标的网络图的用途

（1）它能清晰表示网络计划中各工序的时间参数，是工程项目进度计划的简明图示。若在时间坐标上增加日历时间，则成为工程项目的进度计划，因此，在实际应用中多用带有日历的网络计划图。

（2）如果各工序的资源用量已知，则根据带时间坐标的网络图很容易画出资源需要量的动态曲线，为网络计划的优化提供基础资料。

3. 带有时间坐标的网络图的画法

带有时间坐标的网络图有两种：①按最早时间开始的网络图；②按最迟时间开始的网络图。常用的是第一种，画法如下：

首先，计算出各工序的时间参数，按最早时间确定各工序开始时间的位置（即开工结点的位置），然后画实线使其水平投影长等于工序持续时间。若为关键工序，实线长正好与其箭头结点（即其紧后工序的开始结点）相连。若为非关键工序，实线以后的多余部分可以继续用虚线指向箭头结点（也可以用波浪线与其箭头结点相连）。

如将如图 2-21 所示的网络图，根据［例 2-11］的计算结果，可以绘制出带有时间坐标的网络图（见图 2-22）。

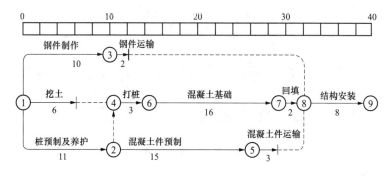

图 2-22　带有时间坐标的网络图

2.3.7　有时限的网络计划的计算

1. 时限（又称强制时限）的概念

时限问题有以下三种类型：

（1）最早开始时限。某项工序或工作须在某一个时间之后才能开始，即开始时间不应早于某个限定的时间（时刻），这个时间称为最早开始时限。如水电工程中由于受设备到货期限制或受图纸交付日期限制，某项工程或工序不能早于某一时间开始。

（2）最迟结束时限。某项工序或工作须在某一特定时间之前结束，即结束时间不得迟于某个规定的时间（时刻）。这个时间称为最迟结束时限。如截流之前必须完成导流工程的有关项目，发电之前的某一时间必须下闸蓄水等。

（3）中断时限。在某一特定的时段内，某些工序或项目不允许进行，这个时段称为中断时限。如由于受温控等因素影响，不允许进行接缝灌浆等工作。

下面举例说明有时限的网络计划的计算方法。

2. 有最早开始时限的计算

【例 2-12】 假设在如图 2-20 所示的网络计划中，由于受图纸交付日期的限制，钢件制作（即工序 1—3）和混凝土基础（即工序 6—7）都不得早于第 12 天开工。试计算各工序的最早开始时间。

解：计算过程：首先按没有时限的方法计算各工序的最早开始时间，然后对有开始时限的工序将计算结果与规定的最早开始时限相比较，按下述规则确定其最早开始时间。

（1）若计算的 ES 值大于规定的最早开始时限值，则选用计算值作为其最早开始时间。如工序 6—7（混凝土基础），$ES(6,7)$ 为 14 大于规定期 12，所以最后确定 $ES(6,7)$ 为 14。

（2）若计算的 ES 值小于规定的最早开始时限值，则选用规定的强制时限作为该工序的最早开始时间。如工序 1—3（钢件制作），$ES(1,3)$ 为 0（规定期 12），则令 $ES(1,3)$ 为 12。

最后，对于位于有最早开始时限的工序以后的各工序，其时间参数以按上述方法确定的参数为准进行计算，如：

$$EF(1,3) = 12 + 10 = 22$$
$$ES(3,8) = EF(1,3) = 22$$
$$EF(3,8) = 22 + 2 = 24$$

以上计算结果，即有最早开始时限的网络计算结果见图 2-23。

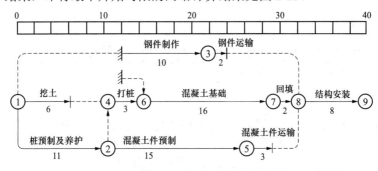

图 2-23 有最早开始时限的网络计算结果

3. 具有最迟结束时限的计算

仍以如图 2-20 所示的网络计划为例说明计算方法。

【例 2-13】 假设在如图 2-20 所示的网络计划中，若规定的强制时限（总工期）为 35 天，钢件运输的结束时间不得迟于第 20 天，试计算各工序的时间参数。

解：首先按没有时限的方法进行正向计算，求出各工序的最早开始和最早结束时间，然后进行逆向计算求出最迟开始和最迟结束时间。工序时间参数计算表见表 2-9。

表 2-9   **工序时间参数计算表**   单位：天

序号	工序名称	工序代号	$T(i,j)$	ES	EF	LS	LF	TF
1	桩预制及养护	1—2	11	0	11	−5	6	−5
2	钢件制作	1—3	10	0	10	8	18	8
3	挖土	1—4	6	0	6	0	6	0
4	虚工序	2—4	0	11	11	6	6	−5
5	混凝土件预制	2—5	15	11	26	9	24	−2

续表

序号	工序名称	工序代号	$T(i,j)$	ES	EF	LS	LF	TF
6	钢件运输	3—8	2	10	12	18（25）	20（27）	8
7	打桩	4—6	3	11	14	6	9	−5
8	混凝土件运输	5—8	3	26	29	24	27	−2
9	混凝土基础	6—7	16	14	30	9	25	−5
10	回填	7—8	2	30	32	25	27	−5
11	结构安装	8—9	8	32	40	27（32）	35（40）	−5

注　表中括号内为没有强制时限时的数据。

在进行逆向计算时，对于有时限的工序，将计算结果与规定的最迟结束时限进行比较，并按以下规则确定最迟结束时间：

（1）若计算的最迟结束时间小于规定的最迟结束时限，则采用计算值。

（2）若计算的最迟结束时间大于规定的最迟结束时限，则选用强制的最迟结束时限。对于结构安装工序，即工序 8—9，由于 $LF(8,9)$ 为 40，大于规定的强制时限 35，所以选取：

$$LF(8,9) = 35$$
$$LS(8,9) = 35 - 8 = 27$$

对于钢件运输工序（即工序 3—8），由于 $LF(3,8)$ 和 $LS(8,9)$ 均为 27，大于规定的最迟结束时限 20，所以选取：

$$LF(3,8) = 20$$
$$LS(3,8) = 20 - 2 = 18$$

其余工序的时间参数，用表算法得出，见表 2-9。

所以出现负时差的原因是由于计算工期至少应为 40 天，而强制规定为 35 天，所以，原关键路线上的开工工序 1—2 要求最迟开始时间为−5 天，即应提前 5 天开始。此时若开工条件不具备，不能提前开工，可从以下几个方面考虑解决方法：

（1）考虑缩短有负时差的一个或几个工序持续时间。

（2）改变工序间的衔接关系，对于原顺序连接的工序，考虑搭接一部分。

（3）研究能否改变所规定的强制时限。

以上三方面可以同时考虑，综合应用，直到取得满意结果为止。

4. 具有中断时限的计算

对于具有中断时限的计算，可以按以下方式处理：

（1）对于不允许中间停顿的工序，可以安排在中断时限以后进行，这就转化为具有最早开始时限的计算问题；或者安排在中断时限以前进行，这就转化为具有最迟结束时限的计算问题。

（2）若工序允许中断，可以将工序分为两段进行，一部分在强制中断时段以前结束，按具有最迟结束时限的问题进行计算；剩下一部分则在强制中断时限以后开始，按具有最早开始时限的问题进行计算。

2.4　网络进度计划的优化

用于控制工程建设的进度计划，应该是经过优化后的计划。进度计划是通过对工期、费用及资源需要量的优化后实施，来提高工作效率与经济效益的。

2.4.1　网络计划工期的费用优化方法

如前所述，衡量进度计划的优劣，应看其是否有利于工程项目总目标的实现，应综合评价它的技术经济指标，包括工期、费用、资源消耗等。但目前还没有一种能全面反映这些指标的综合数学模型或计算方法，作为评价和寻求最优进度计划的依据，只能根据不同的既定条件，按照某一种需要实现的目标来衡量和寻求最优进度计划。本部分将讨论的问题是当初始网络计划的工期大于合同规定的工期时，怎样合理压缩工期使工程所增加的费用最少？

1. 基本概念

（1）我国水利水电建设工程投资费用的构成。按照目前使用的《水利水电工程概（估）算费用构成及计算标准》（试行），我国水利水电建设工程费用按项目划分由建筑工程费、安装工程费、设备费、其他费用和预备费组成，其中与工程施工方法和进度计划有关的建筑工程费和安装工程费由直接费、间接费、计划利润和税金组成。

1）直接费指建筑安装工程施工过程中，直接消耗在工程项目上的活劳动和物化劳动，由基本直接费和其他直接费组成。

a. 基本直接费包括人工费、材料费和施工机械使用费。

b. 其他直接费包括冬雨季施工增加费、特殊地区施工增加费、夜间施工增加费、小型临时设施摊销费及其他费用。其他直接费均按基本直接费乘以百分率计算。

2）间接费指建筑安装工程施工过程中，构成建筑产品成本，但又不直接消耗在工程项目上的有关费用，由施工管理费和其他间接费组成。

a. 施工管理费指为组织和管理工程施工所需的费用，包括工作人员的人工费、教育费、办公费、差旅交通费、固定资产使用费、管理工具使用费和其他费用。施工管理费均按直接费或人工费乘以百分率计算。

b. 其他间接费包括劳动保险基金、施工队伍调遣费和流动资金贷款利息。其他间接费均按直接费乘以百分率计算。

3）计划利润指按施工企业统一利润率计算的利润，按直接费与间接费之和的7%计算。

4）税金指国家对施工企业承担建筑、安装工程作业的收入所征收的营业税、城市维护建设税和教育费附加税。

$$税金=（直接费+间接费+计划利润）×费率 \tag{2-20}$$

上述各项费用，除基本直接费是根据工程结构的实物工程量、施工组织设计、施工方法及按照有关定额直接计算外，其余各项费用都是以基本直接费为依据，再乘以相应的费率而得（详细内容请参阅水利水电规划设计总院定额预算处编的《水利水电工程造价管理制度集》中的275～290页）。

由此可见，水利水电工程总费用与直接费用密切相关。直接费用增加，则总费用增加；反之，直接费用减少，则总费用也减少。

（2）工序的直接费用。任何一个工程项目都由若干个工序（Activity），活动或项目组成，因此整个工程项目的直接费也就是完成各项有关工序所需直接费用的总和。

工期即工序的持续时间。工程实践证明，工序的直接费用与工期的关系曲线如图2-24所示。

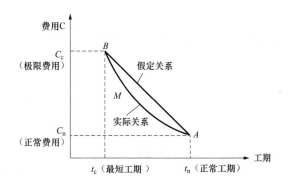

图 2-24 工序的直接费用与工期的关系曲线

图中 A 点对应正常费用 C_n，相应的工期 t_n 称为正常工期。若从 A 点起，增加劳力、设备或其他投入，应用新技术、新工艺，则会缩短工序的工期，加快进度，但费用也会增加，一直到 B 点处，已不能再缩短工序时间了，此时相应的工期 t_c 称为最短工期或极限工期，相应的费用 C_c 称为极限费用。只有在 A 和 B 两点范围之内，直接费用才会随着工期的变化而变化。超出了这个范围，再延长工期（A 点以右）费用也不能相应减少；再增加费用（B 点以上）工期也不能再缩短。按图 2-24 中实际关系（AMB）曲线计算非常困难。在实际应用中，用连接 A、B 两点的直线近似代替以简化计算。令

$$S = \frac{C_c - C_n}{t_n - t_c} \qquad (2\text{-}21)$$

其中 S 表示工序的工期（持续时间）缩短单位时间所增加的费用，为该工序的费用率。在压缩网络计划的工期时，各工序的费用率是原始数据，也是计算依据。

2. 基本原理

如果原始网络计划的工期是按各工序的正常工期计算出来的，要压缩工期就必须缩短关键工序的时间。为了减少因压缩工期而增加的费用，就必须按费用率由小到大的顺序进行压缩。

关键工序在压缩工期时还要受到以下限制：

（1）工序本身最短工期的限制。

（2）总时差的限制。关键路线上各工序压缩时间之和不能大于非关键路线上总时差。单关键路线的网络图见图 2-25。在图 2-25 中，若要压缩关键工序 B，则可以压缩 6 天，但非关键路线①→③→⑤上的总时差只有 4 天，所以工序 B 此时只能压缩 4 天，且压缩后两条路线都是关键路线，双关键路线的网络图如图 2-26 所示。

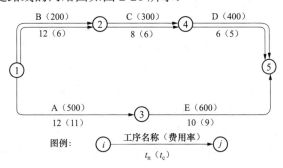

图 2-25 单关键路线的网络图

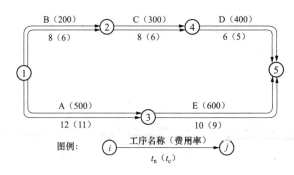

图 2-26　双关键路线的网络图

（3）平行关键路线的限制。当一个网络计划图中存在两条（或多条）关键路线时，如果要缩短计划工期，就必须同时在两条（或多条）关键路线上压缩相同的天数。在图 2-26 中，只有将工序 A 和 B 同时压缩一天才能使计划工期缩短一天。

（4）紧缩关键路线的限制。如果关键路线上各个工序的工期都为最短工期，这条路线就称为"紧缩的"关键路线。当网络计划中存在这种路线时，工期就不能再缩短了，在这种情况下压缩任何别的工序的持续时间，均不会缩短工期而只会增加工程费用。

3．计算步骤

网络计划的工期在费用优化方面的计算，可以按下列步骤进行：

（1）首先计算出网络计划中各工序的时间参数，确定关键工序和关键路线。

（2）若只有一条关键路线，则将费用率最小的关键工序作为压缩对象；若有两条（或多条）关键路线，则要将路线上费用率总和最小的工序组合作为压缩对象。这种费用率总和最小的工序组称为最小切割。

（3）分析压缩工期时的约束条件，确定压缩对象的可能压缩时间，压缩后计算出总的直接费用的增加值。

（4）计算压缩后的工期能否满足合同工期的要求，若能满足，则停止压缩；若不能满足，则再按上述（1）～（4）的步骤继续压缩；若出现了紧缩的关键路线，而工期仍不能满足合同要求，则要重新组织和安排各工序的施工方法，调整各工序间的逻辑关系，然后再按上述（1）～（4）的步骤进行优化调整。

因为这种计算方法是逐渐增加费用，且减少工期，所以被称为"最低费用加快法"。

【例 2-14】 已知某工程的网络计划（如图 2-27 所示），各工序的历时和费用（见表 2-10），如果合同规定的工期为 20 周，请试用工期费用优化方法使网络计划工期满足合同要求。（下文中 tR_{11} 是第一次压缩时工序 1—3 正常作业时间减去该工序最短作业时间的时差，tR_{12} 是第一次压缩时工序 1—2 和工序 2—4 总时差的最小值，tR_{21} 是第二次压缩时工序 6—7 正常作业时间减去该工序最短作业时间的时差，tR_{22} 是第二次压缩时工序 4—5 和工序 5—7 总时差的最小值，tR_{31} 是第三次压缩时工序 1—3 正常作业时间减去该工序最短作业时间的时差，tR_{32} 是第三次压缩时工序 1—2 正常作业时间减去该工序最短作业时间的时差。）

解：（1）第一次压缩，按下列步骤进行：

1）正常工期的时间参数计算结果见表 2-11。关键路线为①→③→④→⑥→⑦，即工序 B→D→G→I。此时网络计划工期 $T = 26$ 周。

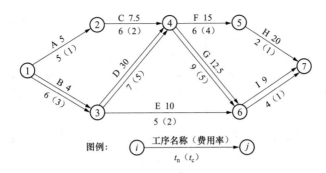

图 2-27　某工程的网络计划

2）找出费用率最小的关键工序作为压缩对象：

$$\min S = \min[S(i,j)] = \min[S(1,3), S(3,4), S(4,6), S(6,7)]$$
$$= \min[4, 30, 12.5, 9]$$
$$= 4 = S(1,3)$$

所以，首先要压缩工序 1—3（即工序 B）的工期。

表 2-10　　　　　　　　　　　　**各工序的历时和费用**

工序名称	工序代号	持续时间（周）		费用（万元）		费用率 $S(i,j)$ （十元/周）
		正常工期	最短工期	正常费用	极限费用	
A	1—2	5	1	3	5	5
B	1—3	6	3	4	5.2	4
C	2—4	6	2	4	7	7.5
D	3—4	7	5	4	10	30
E	3—6	5	2	3	6	10
F	4—5	6	4	3	6	15
G	4—6	9	5	6	11	12.5
H	5—7	2	1	2	4	20
I	6—7	4	1	2	4.7	9

表 2-11　　　　　　　　　　　　**正常工期的时间参数计算结果**　　　　　　　　　　单位：周

代号	工序编号	工序时间 $T(i,j)$	ES	EF	LS	LF	TF	FF	关键工序
A	1—2	5	0	5	2	7	2	0	
B	1—3	6	0	6	0	6	0	0	√
C	2—4	6	5	11	7	13	2	2	
D	3—4	7	6	13	6	13	0	0	√
E	3—6	5	6	11	17	22	11	11	

代号	工序编号	工序时间 $T(i,j)$	ES	EF	LS	LF	TF	FF	关键工序
F	4—5	6	13	19	18	24	5	0	
G	4—6	9	13	22	13	22	0	0	√
H	5—7	2	19	21	24	26	5	5	
I	6—7	4	22	26	22	26	0	0	√

注　√表示此项为关键工序。

3）确定压缩时间，因为：

a. 工序 1—3 可以压缩 3 周。

b. 工序 1—2 和 2—4 的总时差为 2 周。

所以工序 1—3 的工期只能压缩为 2 周，$\Delta t_1 = \min（tR_{11}, tR_{12}）=\min（3, 2）=2$ 周，使 $T(1,3)=4$ 周。

也可以这样分析：压缩后，工序 1—3 的工期应当满足

$$T(1,3)+T(3,4) \geqslant T(1,2)+T(2,4)$$

即

$$T(1,3) \geqslant T(1,2)+T(2,4)-T(3,4)=5+6-7=4（周）$$

4）压缩工期后网络计划的工期为

$$T_1=T_0-\Delta t_1=26-2=24（周）$$

直接费用的增加额为

$$\Delta C_1=\Delta t_1 \cdot S(1,3)=8000（元）$$

（2）第二次压缩：

1）根据第一次压缩工期的结果，重新计算时间参数（过程从略）。第一次压缩后的网络计划图如图 2-28 所示，此时有两条关键路线：①→②→④→⑥→⑦和①→③→④→⑥→⑦。

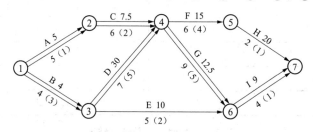

图 2-28　第一次压缩后的网络计划图

2）求最小费用率：

$$\min S = \min \begin{bmatrix} S(1,3)+S(1,2) \\ S(1,3)+S(2,4) \\ S(3,4)+S(1,2) \\ S(3,4)+S(2,4) \\ S(4,6) \\ S(6,7) \end{bmatrix} = \min \begin{bmatrix} 4+5 \\ 4+7.5 \\ 30+5 \\ 30+7.5 \\ 12.5 \\ 9 \end{bmatrix} = 9 = S(1,3)+S(1,2)=S(6,7)$$

此时，可以同时压缩工序 1—3 与工序 1—2 或者压缩两条关键路线所共有的工序 6—7。我们先压缩工序 6—7。

3）确定压缩时间：

a．工序 6—7 可以压缩 3 周。

b．工序 4—5 和 5—7 总时差为 5 周，即允许最多压缩 5 周。

所以最后决定工序 6—7 压缩 3 周，$\Delta t_2 = \min(tR_{21}, tR_{22}) = \min(3, 5) = 3$ 周，使 $T(6, 7) = 1$ 周。

4）压缩工期后网络计划工期为

$$T_2 = T_1 - \Delta t_2 = 24 - 3 = 21 \ （周）$$
$$\Delta C_2 = \Delta t_2 \cdot S(6, 7) = 27000 \ （元）$$

（3）第三次压缩：

1）第二次压缩后的网络计划图如图 2-29 所示，此时仍有两条关键路线：①→②→④→⑥→⑦和①→③→④→⑥→⑦。

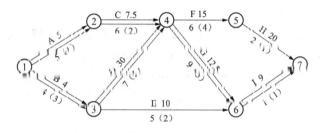

图 2-29　第二次压缩后的网络计划图

2）确定压缩对象：前已算得

$$\min S = 9 = S(1, 2) + S(1, 3)$$

3）确定压缩时间。工序 1—3 只能压缩 1 周，工序 1—2 可以压缩 4 周，所以工序 1—3 和 1—2 只能共同压缩一周。即

$$\Delta t_3 = \min(tR_{31}, tR_{32}) = \min(1, 4) = 1 \ （周）$$
$$\Delta C_3 = \Delta t_3 \cdot [S(1, 2) + S(1, 3)] = 9000 \ （元）$$

4）压缩后网络计划工期为 $T_3 = T_2 - \Delta t_3 = 21 - 1 = 20$ （周），第三次压缩后的网络计划图见图 2-30。

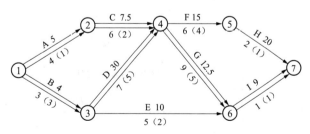

图 2-30　第三次压缩后的网络计划图

因为网络计划工期已经满足合同工期的要求，所以不再继续压缩工期了。

2.4.2　网络计划的资源优化方法

资源是实施进度计划的物质基础，资源的合理利用是监理工程师在进度控制中必须解决

的问题。通常用资源利用的优化方法解决以下两类问题。

（1）解决资源的供不应求问题。对于一个工程项目，在一定时期内所能提供的资源（人力、物力、财力）总是有一定限制的。某一种资源在单位时间内所能提供的最大数量称为资源限量。如果多个工序（作业）在某一时段内同时进行，当单位时间内需用的某一种资源量（即资源强度）大于资源限量时，就会产生供不应求的矛盾，因此必须通过调整计划以解决供求矛盾。解决方法有两种：①通过延长某些工序的持续时间，以降低资源需要强度，这就要调整施工组织设计，属于常规优化方法。②使该时段内部分工序推迟，向后推迟，推迟的时间一旦超过总时差的范围，就要延长计划工期。究竟推迟哪些工作才能使计划工期延长得最少甚至不延长工期？解决这类问题通常运用"资源有限、工期最短"的优化方法。

（2）研究计划期内资源利用的均衡问题。根据生产任务核算和平衡生产能力是进度计划制定和控制的一项重要内容。在一定工期条件下，怎样合理安排计划才能使资源利用尽量均衡？解决这类问题通常应用"工期规定、资源均衡"的优化方法。

1. 资源有限、工期最短的优化方法

资源安排法（The resource scheduling method）。假定 I、J、K 是某项工程的三项工序。某工程的横道图见图 2-31。三项工序的时间参数和资源需要量见表 2-12。在图 2-31 中标明了这三项工序在进度计划中的位置。如果只能为这三项工序提供两台起重机，从图 2-31 中可以看出：在第 10 和第 11 两天资源（起重机）的需要量为三台，超过可能提供的数量，我们称这两天发生了资源冲突。可以通过推迟某个工序来解决这一资源冲突。问题是如何安排这三项工序的先后顺序？是 I 放在 J 的后面还是放在 K 的后面？或是 K 放在 I 的后面？如何确定最优安排法则？下面进一步研究这一问题。

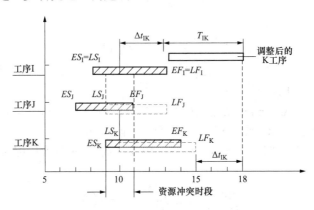

图 2-31　某项工程的横道图

表 2-12　　　　　　　　　　　三项工序的时间参数和资源需要量

工序名称	持续时间（天）	ES（天）	EF（天）	LS（天）	LF（天）	需要起重机数量（台）
I	5	8	13	8	13	1
J	4	7	11	9	13	1
K	5	9	14	10	15	1

假定将工序 K 移至工序 I 的后面，即在图 2-31 中，将工序 K 移至空白横道处，则总工期增长值 Δt_{IK} 用下式计算：

$$\Delta t_{IK} = EF_I - LS_K \qquad (2\text{-}22)$$

显然，要使工期延长值 Δt_{IK} 最小，就必须使 EF 最小的工序排在前面，而使 LS 最大的工序接在其后。现在以表 2-12 中 I、J、K 三个工序为例，因 $EF_J = 11$ 为最小，$LS_K = 10$ 为最大，所以决定将工序 K 安排在工序 J 的后面进行，此时计划工期延长时间为：

$$\Delta t_{JK} = EF_J - LS_K = 11 - 10 = 1 \text{（天）}$$

若用其他几种方法，则工期的延长时间分别为：

J 在 I 后面：

$$\Delta t_{IJ} = 13 - 9 = 4 \text{（天）}$$

K 在 I 后面：

$$\Delta t_{IK} = 13 - 10 = 3 \text{（天）}$$

I 在 J 后面：

$$\Delta t_{JI} = 11 - 8 = 3 \text{（天）}$$

I 在 K 后面：

$$\Delta t_{KI} = 14 - 8 = 6 \text{（天）}$$

J 在 K 后面：

$$\Delta t_{KJ} = 14 - 9 = 5 \text{（天）}$$

由此可见，我们所选择的方法能使工期延长最少。

应当指出：如果增加资源所增加的费用，若低于因延长工期而造成损失，则应考虑增加资源方案的必要性与合理性。

综上所述，资源安排法宜按以下步骤进行：

（1）绘制带有时间坐标的网络图和资源需要量的动态曲线（简称资源动态曲线），检查资源动态曲线，找出发生资源冲突的时段。

（2）按从左到右（即从先到后）的顺序在发生资源冲突的时段内，根据表 2-12 安排引起资源冲突的工序，每次安排两项，直到该时段内资源冲突得到解决为止。

（3）安排完一个时段后，需调整网络计划的逻辑关系，重新计算时间参数，绘制资源动态曲线。

（4）将延长工期所受的影响和损失与增加资源且不延长工期的方案所增加的费用损失进行综合比较，最后选择经济合理的方案。

【例 2-15】 某工程的网络计划如图 2-32 所示，时间参数计算结果见表 2-13。已知资源的限制量：每日工人数量最多为 40 人。要求对该计划进行调整，使其在满足资源限制的条件下工期最短。

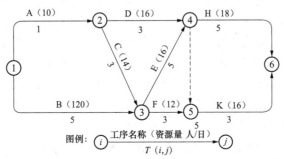

图 2-32　某工程的网络计划

表 2-13　　　　　　　　　　　　时间参数计算结果

工序名称	工序代号 $i-j$	$T(i,j)$（天）	ES（天）	EF（天）	LS（天）	LF（天）	TF（天）	FF（天）	资源用量（人/天）
A	1—2	1	0	1	1	2	1	0	10
B	1—3	5	0	5	0	5	0	0	20
C	2—3	3	1	4	2	5	1	1	14
D	2—4	3	1	4	8	11	7	7	10
E	3—4	6	5	11	5	11	0	0	16
F	3—5	3	5	8	10	13	5	3	18
虚工序 G	4—5	0	11	11	13	13	2	0	0
H	4—6	5	11	16	11	16	0	0	12
K	5—6	3	11	14	13	16	2	2	16

解：（1）根据图 2-32 以及表 2-13 所列的时间参数，画出相应工序最早时间的带有时间坐标的网络图及资源动态曲线（例 2-15），如图 2-33 所示。

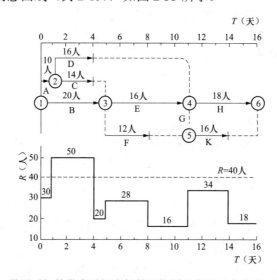

图 2-33　最早时间的带有时间坐标的网络图及资源动态曲线（例 2-15）

（2）检查资源动态曲线，在时段（1，4）内，日资源需要量 $R=50$ 人/天，大于日资源限量 $R_c=40$ 人/天，发生资源冲突的工序有 B、C、D 三项，此时 EF 最小的工序为 C 和 D，LS 最大的工序为工序 D，所以将工序 D 移到工序 C 的后面进行。调整后的日资源需要量变为 $R=34$ 人/天，第一次调整后的网络图及资源动态曲线如图 2-34 所示。

（3）检查图 2-34 中的资源动态曲线在时段（5，7）内，资源需要量 $R=44$ 人/天，发生资源冲突，引起资源冲突的工序为 D、E、F 三项工序，D、E、F 三项工序在第一次调整后的时间参数见表 2-14（计算从略）。

（4）根据表 2-14，EF 最小的工序为 D，LS 最大的工序为 F，所以将工序 F 移到工序 D 的后面进行，调整后的日资源需要量 $R=32$ 人/天，第二次调整后的网络图及资源动态曲线如

图 2-35 所示。

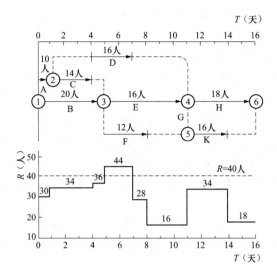

图 2-34　第一次调整后的网络图及资源动态曲线

工序名称	工序代号 $i—j$	ES	EF	LS	LF
表 2-14			D、E、F 三项工序在第一次调整后的时间参数		单位：天
D	2—4	4	7	8	11
E	3—4	5	11	5	11
F	3—5	5	8	10	13

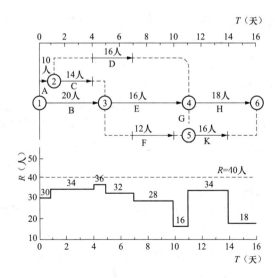

图 2-35　第二次调整后的网络图及资源动态曲线

　　从图 2-35 中看出，经过调整后的计划：各时段内每日资源需要量均不超过资源限量，最高资源需要量为 36 人/天，总工期仍为 16 天。所以该计划已经满足要求，而且逻辑关系无变化，无须再进行调整。

2. 启发式方法

启发式方法是较为完善、使用较广的一种算法，主要有两类：序列法（Serial）和并行法（Parallel）。下面只介绍并行法。

为叙述方便，我们将阶梯形资源动态曲线中每一个完整的水平段称为一个研究时段，简称时段，用 (t_k, t_{k+1}) 表示。整个工程开始的第一时段称为起始时段，用 (t_0, t_1) 表示。

并行法根据时段安排工序。在每一时段，先根据紧前关系选出在本时段进行的一系列工序，然后按照先后次序排队编号，形成一个工序序列，只要资源充足，序列中的工序将仍就被安排在本时段进行。由于资源紧缺而不能安排的工序将在以后考虑安排，当序列中的所有工序均被考虑后，再按同样的方式处理紧接着的下一个时段。

启发式方法的关键问题是如何选择排队的准则。下面我们讨论只用一种资源时，求近似的最优解的方法。

首先，计算初始网络计划中各工序的时间参数，画出相应于各工序最早时间的带时间坐标的网络图和资源需要量动态曲线。然后，从起始时段开始，逐个时段进行分析和调整，具体步骤如下：

（1）对于起始时段 (t_0, t_1)，若资源需要强度没有超过资源限量，则接着分析相邻的下一个时段，否则，按下述原则对在起始时段内进行的工序进行编号。

1）先按各工序总时差由小到大的顺序进行编号（关键工序总时差为 0），其号码为 1，2，…，n。

2）对于总时差相等的非关键工序，按日资源需要量递增的顺序编号。必须说明：原则 2）并不是在所有情况下都是最合理的。但为了使整个优化过程简单化、程序化，免除对不经常出现却非常复杂的情况的判断分析，仍用原则 2）来处理总时差相等时工序的编号问题。

（2）按编号由小到大的顺序，将各工序的日资源需要量进行累加，以不超过资源限量为准。余下的工序向后推移至 t_1 时刻开始。

（3）假定从 t_0 计算到 t_k 均未超过资源限量，则继续对时段 (t_k, t_{k+1}) 进行分析，需要注意的是，该时段内的工序有在时间性 t_k 之前就开始的，也有在时间 t_k 才开始的，有在时间 t_{k+1} 就结束的，也有在时间 t_{k+1} 之后才结束的。如果该时段内资源需要量没有超过资源限量，则继续对下一个时段进行分析，否则，按以下原则对该时段的工序进行编号：

1）对于不允许中断的工序。首先，对在 t_k 之前就开始的工序，按照向后推移时对总工期的影响程度 ΔT 递减的顺序编号，对于工序 $i—j$，$\Delta T = t_{k+1} - ES(i,j) - TF(i,j)$。对 ΔT 相等的工序，按日资源需要量递增的顺序编号。

2）对于允许中断的工序。对在时间 t_k 之前就开始的工序，从 t_k 开始把它在 t_k 后的部分当作一个独立的工序来处理，然后按（1）中所述的原则进行编号。

编完号之后，按（2）中所述的方法对该时段内的工序进行调整。

重复（3），继续对以后各时段的工序进行分析和调整，直至所有时段内的资源需要量均不超过资源限量为止。此时所得的网络计划方案即为最优方案。

【例 2-16】 应用启发式方法解［例 2-15］所述的问题。其初始网络计划见图 2-32，时间参数的计算结果见表 2-13。

解：首先，画出最早时间的带有时间坐标的网络图和资源动态曲线，如图 2-33 所示。然后从起始时段开始逐个时段进行分析和调整。

（1）考查起始时段（0, 1）的资源状况，资源需要量 $R=30$ 人/天，小于资源限量 $R_c=40$ 人/天，不必进行调整。接着考查时段（1, 4）的资源状况，资源需要量 $R=50$ 人/天，大于 $R_c=40$ 人/天，发生资源冲突。因此，对该时段内的各工序进行编号，1、4 时段内各工序编号如表 2-15 所示。

表 2-15　　　　　　　　　　　　　　　　1、4 时段内各工序编号

编号顺序	工序名称	工序代号 $i-j$	日资源需要量 （人）	编号依据 （对计划工期的影响，天）
1	B	1—3	20	$\Delta T=4-0-0=4$
2	C	2—3	14	$\Delta T=4-1-1=2$
3	D	2—4	16	$\Delta T=4-1-7=-4$

（2）按编号由小到大的顺序，先将 B、C 两工序的日资源需要时相加，其和为 34 人/天，小于资源限量 $R_c=40$ 人/天，因此，B、C 两工序保持不变，将 D 工序（即工序 2—4）向后推迟，使其最早开始时间 $ES(2, 4)$ 等于 4。

由图 2-34 可知，此时，D 工序的各项时间参数为

$$ES(2, 4)=4$$
$$LS(2, 4)=8$$
$$TF(2, 4)=4$$
$$EF(2, 4)=7$$
$$LF(2, 4)=11$$
$$FF(2, 4)=4$$

其余各工序的时间参数没有变。

（3）按照图 2-34，在时段（0, 5）内资源需要量都未超过资源量，考查时段（5, 7），资源需要量 $R=44$ 人/天，大于资源限量 $R_c=40$ 人/天，发生资源冲突，因此要对该时段内的各工序进行编号，5、7 时段内各工序编号见表 2-16。

表 2-16　　　　　　　　　　　　　　　　5、7 时段内各工序编号

编号顺序	工序名称	工序代号 $i-j$	日资源需要量 （人）	编号依据 （对计划工期的影响，天）
1	E	3—4	16	$\Delta T=7-5-0=2$
2	D	2—4	16	$\Delta T=7-4-4=-1$
3	F	3—5	12	$\Delta T=7-5-5=-3$

因为 E、F 两工序的资源需要量之和为 28 人/日，小于资源限量 $R_c=40$ 人/天，所以将工序 D 再次向后推移，使其最早开始时间 $ES(2, 4)$ 等于 7。

第二次调整后的资源动态曲线（例 2-16）如图 2-36 所示，此时工序 D（即工序 2—4）的时间参数为

$$ES(2, 4)=7$$

$$LS（2，4）=8$$
$$TF（2，4）=1$$
$$EF（2，4）=10$$
$$LF（2，4）=11$$
$$FF（2，4）=1$$

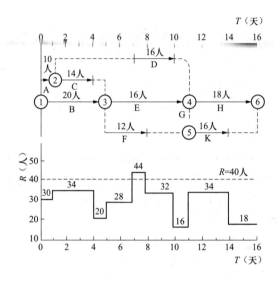

图 2-36　第二次调整后的网络图和资源动态曲线（例 2-16）

其余各工序的时间参数不变。

（4）根据图 2-36 考察时段（7，8）的资源状况，资源需要量 R=44 人/天，大于资源限量 R_c=40 人/天，故对该时段内各工序进行编号，7、8 时段内各工序编号如表 2-17 所示。

表 2-17　　　　　　　　　　　7、8 时段内各工序编号

编号顺序	工序名称	工序代号 $i—j$	日资源需要量（人）	编号依据（对计划工期的影响，天）
1	E	3—4	16	$\Delta T=8-5-0=3$
2	F	3—5	12	$\Delta T=8-5-3=0$
3	D	2—4	16	$\Delta T=8-7-1=0$

因为 E、F 两工序资源需要量之和为 28 人/天，小于资源限量 R_c=40 人/天，所以需要第三次将工序 D 向后推移，使其最早开始时间 $ES（2，4）$=8。

第三次调整后的网络图和资源动态曲线见图 2-37。

（5）根据图 2-36，继续考查其余各时段，资源需要量均不超过资源限量。如图 2-37 所示的网络计划即为满足所给条件的最优解。

3. 工期规定、资源均衡的优化方法

这种优化方法不改变总工期，只在总时差范围内调整非关键工序，比较适用于大中型水电工程。葛洲坝二期工程网络计划的优化就是使用的这种方法，在目前实体行业业主负责制和招标承包制的管理体制下，这种优化方法对签订了承包合同的工程有更加广泛的用途。

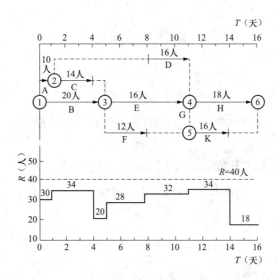

图 2-37 第三次调整后的网络图和资源动态曲线

（1）基本概念和原理。设工程项目的初始网络计划的资源动态曲线及平均值如图 2-38 所示。已知计划工期为 T 天，第 t 天的资源需要量为 $R(t)$，则在整个工期内日资源需要量的平均值 R_a 为

$$R_a = \frac{1}{T} \int_0^T R(t) \mathrm{d}t \qquad (2-23)$$

资源需要量为 $R_a \times T$，如果每天都有 $R(t) = R_a$，则资源分配最均衡，但这实际上是办不到的。

衡量资源需要量的均衡程度没有一个像温度、长度那样的"绝对指标"，均衡程度只是相对的，通常用资源需要量的均方差 σ^2 来衡量，在时段（0，T）内，σ^2 用下式计算：

$$\sigma^2 = \frac{1}{T} \int_0^T [R(t) - R_a]^2 \mathrm{d}t \qquad (2-24)$$

显然，资源需要量 $R(t)$ 愈不均衡，σ^2 就愈大。要使资源需要量趋于均衡就应使 σ^2 减小。用式（2-24）计算 σ^2 不但麻烦，而且事先很难判断一个工序向后推迟以后对 σ^2 的影响，因此，必须找出一种判别式，可以根据非关键工序向后调整情况，判断 σ^2 的增减，从而间接推断资源需要量是否趋于均衡。因为

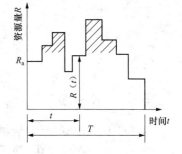

图 2-38 工程项目的初始网络计划的资源动态曲线及平均值

$$\frac{1}{T} \int_0^T [R(t) - R_a]^2 \mathrm{d}t = \frac{1}{T} \int_0^T R^2(t) - 2R_a \frac{1}{T} \int_0^T R(t) \mathrm{d}t + R_a^2 \frac{1}{T} \int_0^T \mathrm{d}t$$

$$= \frac{1}{T} \int_0^T R^2(t) \mathrm{d}t - R_a^2$$

所以有

$$\sigma^2 = \frac{1}{T} \int_0^T R^2(t) \mathrm{d}t - R_a^2 \qquad (2-25)$$

令

$$E = \int_0^T R^2(t)\mathrm{d}t \tag{2-26}$$

则有

$$\sigma^2 = \frac{1}{T}E - R_a^2 \tag{2-27}$$

对于一个进度计划，T 和 R_a^2 都为常数，所以 σ^2 和 E 是同时增减的，即 E 增大则 σ^2 增大；反之，E 减小则 σ^2 减小，资源需要量也趋于均衡。

对呈阶梯形变化的资源动态曲线，式（2-26）可以表示为

$$E = \int_0^T R^2(t)\mathrm{d}t = R_1^2 + R_2^2 + \cdots + R_T^2$$

即

$$E = \sum_{t=1}^T R_t^2 \tag{2-28}$$

式中　R_t——第 t 天的资源需要量，因此称 E 为资源平方和。

假设非关键工序 $m-n$ 的日资源需要量为 r_{m-n}，且 $ES(m,n)=i$，$EF(m,n)=j$，$TF(m,n)\geq 1$。如果工序 $m-n$ 向后推移 1 天，则每天资源需要量的变化情况如下。

1）第 $i+1$ 天的资源需要量由 R_{i+1} 变为 $R'_{i+1} = R_{i+1} - r_{m-n}$。

2）第 $j+1$ 天的资源需要量由 R_{j+1} 变为 $R'_{j+1} = R_{j+1} + r_{m-n}$。

3）其余各天资源需要量不变。

这样一来，资源平方和 E 的变化值 ΔE 为

$$\Delta E = [(R_{j+1} + r_{m-n})^2 - R_{j+1}^2] - [R_{i+1}^2 - (R_{i+1} - r_{m-n})^2]$$
$$= 2r_{m-n}(R_{j+1} - R_{i+1} + r_{m-n})$$

令

$$\Delta e = R_{j+1} - R_{i+1} + r_{m-n}$$

则有

$$\Delta E = 2r_{m-n}\Delta e$$

因为 $2r_{m-n} > 0$，所以 ΔE 与 $\Delta e = R_{j+1} - R_{i+1} + r_{m-n}$ 同号。因此，可以将 Δe 作为判别式：

当 $\Delta e > 0$，则 $\Delta E > 0$，资源平方和 E 增大，σ^2 也随之增大，资源需要量趋于不均衡。

当 $\Delta e \leq 0$，则 $\Delta E < 0$，资源平方和 E 减小，σ^2 也随之减小，资源需要量趋于均衡。

（2）优化方法和步骤。

1）计算初始网络计划的时间参数，找出关键路线，画出相应于最早时间的带有时间坐标的网络图和资源需要量动态曲线。

2）对于非关键工序按最早开始时间由迟到早顺序逐个进行考查。在总时差范围内用判别式鉴别，若 $\Delta e \leq 0$，则被考查的工序可以向后推移 1 天，而使资源分配趋于均衡。否则，该工序不能后移。

3）所有的非关键工序都进行过一轮考查或调整之后，再次重复 2）的方法，直到所有工序都不能再向后移动为止。

【例 2-17】　某工程的网络计划如图 2-39 所示，各工序时间参数和资源需要量见表 2-18。在保证总工期为 14 天不变的情况下，求资源分配最均衡的计划方案。

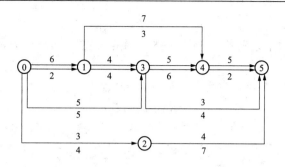

图例：
$$i \xrightarrow[T(i,j)]{\text{资源量（辆/日）}} j$$

图 2-39 某工程的网络计划

表 2-18 各工序时间参数和资源需要量

工序代号	$T(i,j)$（天）	ES（天）	EF（天）	LS（天）	LF（天）	TF（天）	FF（天）	30t 自卸车需要量（辆/日）
0—1	2	0	2	0	2	0	0	6
0—2	4	0	4	3	7	3	0	3
0—3	5	0	5	1	6	1	1	5
1—3	4	2	6	2	6	0	0	4
1—4	3	2	5	9	12	7	7	7
2—5	7	4	11	7	14	3	3	4
3—4	6	6	12	6	12	0	0	5
3—5	4	6	10	10	14	4	4	3
4—5	2	12	14	12	14	0	0	5

解：首先根据图 2-39 和表 2-18 的数据，画出相应于各工序最早时间的带有时间坐标的网络图及资源动态曲线（例 2-17），如图 2-40 所示。

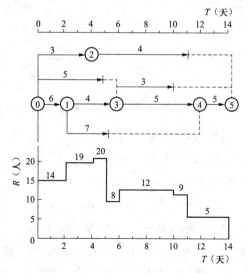

图 2-40 最早时间的带有时间坐标的网络图及资源动态曲线（例 2-17）

第一轮调整如下：

（1）在非关键工序中，首先考虑工序 3—5，已知：$i=ES(3,5)=6$，$j=EF(3,5)=10$，$r_{3-5}=3$，$TF(3,5)=4$。因为

$$R_{j+1}=R_{11}=9$$
$$R_{i+1}=R_7=12$$
$$r_{3-5}=3$$

所以

$$\Delta e_1 = R_{11} - R_7 + r_{3-5} = 9 - 12 + 3 = 0$$

工序 3—5 可以向后移一天，位于时段（7，11），此时，$i=7$，$j=11$，由此可得

$$\Delta e_2 = R_{12} - R_8 + r_{3-5} = 5 - 12 + 3 = -4 < 0$$

同理

$$\Delta e_3 = R_{13} - R_9 + r_{3-5} = 5 - 12 + 3 = -4 < 0$$
$$\Delta e_4 = R_{14} - R_{10} + r_{3-5} = 5 - 12 + 3 = -4 < 0$$

所以工序 3—5 可以继续后移 3 天，直至时段（10，14），此时网络图和资源动态曲线，即第一轮调整后的网络图及资源动态曲线（工序 3—5 后移 4 天）如图 2-41 所示。图 2-41 中 $ES(3,5)=10$，$EF(3,5)=14$，$TF(3,5)=0$。其余工序时间参数不变。

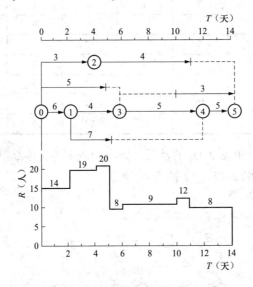

图 2-41　第一轮调整的网络图及资源动态曲线（工序 3—5 后移 4 天）

（2）以图 2-41 为依据，在除 3—5 以外的非关键工序中，首先考虑工序 2—5，已知：$i=ES(2,5)=4$，$j=EF(2,5)=11$，$TF(2,5)=3$，$r_{2-5}=4$。因为

$$\Delta e_1 = R_{12} - R_5 + r_{2-5} = 8 - 20 + 4 = -8 < 0$$
$$\Delta e_2 = R_{13} - R_6 + r_{3-5} = 8 - 8 + 4 = 4 > 0$$
$$\Delta e_3 = R_{14} - R_7 + r_{3-5} = 8 - 9 + 4 = 3 > 0$$

所以工序 2—5 只能向后推移 1 天，至时段（5，12），此时网络图和资源动态曲线，即第一轮调整后的网络图（工序 2—5 后移 1 天）如图 2-42 所示。图中 $ES(2,5)=5$，$EF(2,5)=12$，

TF（2，5）=2，其余工序时间参数不变。

（3）根据图 2-42，以同样的方法考查工序 1—4，可知工序 1—4 可以从时段（2，5）后移 3 天至时段（5，8），第一轮调整后的网络图（工序 1—4 后移 3 天）如图 2-43 所示。

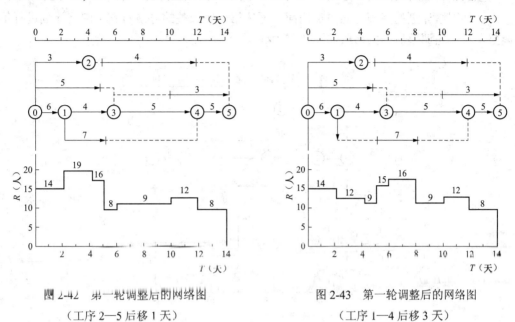

图 2-42 第一轮调整后的网络图	图 2-43 第一轮调整后的网络图
（工序 2—5 后移 1 天）	（工序 1—4 后移 3 天）

（4）根据图 2-43，以同样的方法考查工序 0—2，可知工序 0—2 可以从时段（0，4）后移 1 天至时段（1，5），第一轮调整后的网络图（工序 0—2 后移 1 天）如图 2-44 所示。

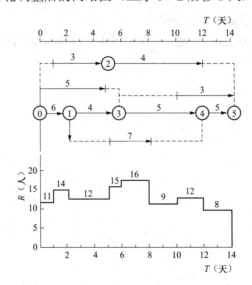

图 2-44 第一轮调整后的网络图（工序 0—2 后移 1 天）

至此，对整个网络计划已经完成了第一轮的调整工作。日资源需要量的平方和原来为

$$\sum R^2(t) = 2 \times 14^2 + 2 \times 19^2 + 20^2 + 8^2 + 4 \times 12^2 + 9^2 + 3 \times 5^2 = 2310$$

第一轮调整后，减少到

$$\sum R^2(t) = 11^2 + 14^2 + 3 \times 12^2 + 15^2 + 2 \times 16^2 + 2 \times 9^2 + 2 \times 12^2 + 2 \times 8^2 = 2064$$

日资源需要量的方差 σ^2 由原来的 153.14 减少到 135.57。

第二轮调整如下：

为了使网络计划的资源分配更加均衡，再按第一轮调整的方法对整个网络计划进行第二轮调整。第二轮调整后的网络图如图 2-45 所示。

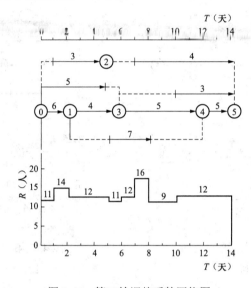

图 2-45　第二轮调整后的网络图

经过两轮调整之后，再没有工序可以后移了。此时的网络计划即为资源分配最均衡的方案。此时，均方差 σ^2 进一步减少到 131.57。

对于复杂的网络计划，可以借助电子计算机进行资源优化。目前已有这方面的软件可供使用。

3 水电工程施工质量管理与控制

3.1 水电工程项目质量控制综述

3.1.1 基本概念

1. 质量和工程项目质量

（1）质量（Quality）。质量是反映产品或服务满足明确或隐含需要能力的特征和特性的总和。上述定义中的"产品"或"服务"可以是活动或过程，也可以是活动或过程的结果。而"需要"则可以包括适用性、安全性、可用性、可靠性、维修性、经济性和环境等方面。在合同环境中"需要"是在合同中明确规定的；而在其他环境中，"隐含需要"则应加以识别和确定。

（2）工程项目质量。从功能角度讲是指产品所具有的能够满足人们某种需要的使用价值及属性。但从广义上讲，产品的质量还应包括生产产品的工作质量，它与产品质量呈现出一定的正相关性。显然，工程项目作为工程建设的产品也应具有一般产品的属性。

工程建设活动是应业主要求进行的，根据业主的不同合同，对产品的使用功能有不同的要求，因此，工程项目的质量除必须满足有关规范、标准、法规的要求之外，还必须满足工程合同条款的有关规定。

2. 质量管理、监督和体系

（1）质量管理（Quality management）。质量管理即制定和实施质量方针的全部管理职能。而质量方针（Quality policy）则是由组织的最高管理者正式颁布的该组织总的质量宗旨和质量方向。

质量管理包括为实现质量目标而进行的战略策划、资源分配及其他有系统的活动，如质量策划、实施和评价。质量管理的职责虽是由企业的最高管理者承担，但是为了获得期望的质量，应要求企业全体职工参与质量管理并承担相应义务。

质量管理相对于质量控制，概念更全面，范围更宏观一些。

（2）质量监督（Quality surveillance）。质量监督是指为确保满足规定的质量要求，按有关规定对程序、方法、条件、过程、产品和服务以及记录分析的状态所进行的连续监视和验证。

质量监督反映很具体细节化的执行手段过程。

（3）质量体系（Quality system）。质量体系是指为实施质量管理的组织结构、职责、程序、过程和资源。为实现规定的质量方针和质量目标，管理者应组织建立质量体系并使其有效运行。

一般来讲，一个组织的质量体系应受该组织的目标、产品或服务及其实践的影响，因而各组织的质量体系是不同的。

3. 质量环、工程项目质量控制和质量保证

（1）质量环（Quality loop）。质量环是指从识别需要到评价这些需要是否得到满足的各个阶段中，影响产品或服务质量的相互作用活动的概念模式。亦指从了解与掌握用户对产品质量的要求和期望开始直到产品质量实现的整个产品寿命周期内，将影响产品或服务质量的各项活动划分为若干阶段的一种理论模式。任何产品（包括工程），都要经历决策、设计、制造

（施工）和使用的过程，在这个过程中，各相关部门应发挥的作用、承担的职责、开展的活动都是质量环的内容。不同的企业有不同的质量环，设计单位和监理单位都有自己独具特征的质量环。电力建设工程监理单位的质量环如图 3-1 所示。

对一般的工业产品而言，其质量环反映了产品质量的产生、形成、实现以及不断提高的规律，故又称为质量螺旋。

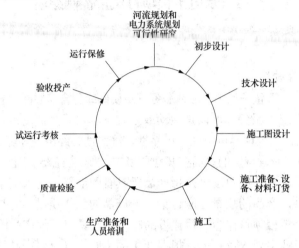

图 3-1　电力建设工程监理单位的质量环

（2）工程项目质量控制。质量控制（Quality control）是指为达到质量要求所采取的作业技术和活动。工程项目质量控制则应是为达到工程项目的质量要求所采取的作业技术和活动。工程项目的质量形成是一个有序的系统过程，在这个过程中，为了使工程项目具有满足用户某种需要的使用价值及属性，需要一系列的作业技术和活动，其目的在于监视工程项目建设过程中所涉及的各种影响质量的因素，并排除在质量环的各相关阶段导致质量事故的原因，预防质量事故的出现。这些作业技术和活动包括在质量环的各环节之中，所有的技术和活动都必须在受控状态下进行，这样才可能得到满足项目规定的质量要求的工程。在质量控制过程中要及时排除在各个环节上出现的偏离有关规范、标准、法规及合同条款的现象，使之恢复正常以达到控制的目的。

综上所述，质量控制与质量环有着密切的关系，质量环是直接为质量控制服务的，质量控制则体现在质量环的各个环节之中。

相对于质量管理，质量控制的概念更为具体。质量控制是质量管理在专业细节上的表现。

（3）质量保证（Quality assurance）。质量保证是指某一产品或服务能满足规定的要求，提供适当信任所必需的全部有计划、有系统的活动。在组织内部，质量保证是一种管理手段。在合同环境中，质量保证还被供方用以提供信任。

4. 工程项目质量控制与投资控制、进度控制之间的关系

工程建设项目的目标主要包括质量目标、投资目标和进度目标，这三大目标之间的关系既是相互对立又是相互统一的，质量、投资、进度三者之间的关系如图 3-2 所示。图 3-2 中三角形内部表示三个目标之间的矛盾关系，三角形外部表示三个目标之间的统一关系。三个目标之间是相互关联的，任何一个目标发生变化都必将影响到其他两个目标。因此在对工程项目的质量目标实施控制的同时应兼顾到其他两项目标以维持目标体系的整体平衡。显然，

投资最少、进度最快、质量最好的目标组合被认为是工程建设项目的最佳目标体系。

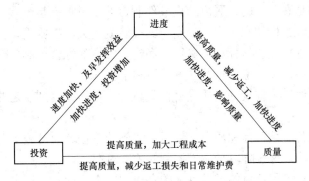

图 3-2 质量、投资、进度三者之间的关系

良好管理的任务就是通过合理地组织、协调、控制和管理达到质量、进度、投资整体最佳组合的目标。

在处理这三方面矛盾的同时应坚持质量第一的观点,越是赶进度越要注意质量的控制。实践证明,为了赶进度而忽视质量,由此发生质量事故所造成的返工,往往会大大拖延工程进度,造成巨大的经济损失。在工期紧的情况下为了保质量、保进度常需付出更多的费用,但这多付的费用往往在很大程度上低于进度快、质量好带来的经济效益。当然这个质量应是合理、必需的质量,而不是苛求的质量。

3.1.2 质量形成、质量管理和质量保证标准

1. 工程项目质量形成过程

工程项目质量形成过程是一个有序的系统过程,其中"序"即为工程项目的建设程序。任何工程项目从酝酿筹备到投产运行都先后经历了决策、设计、施工和项目竣工验收四个阶段。要实现对建设项目的质量监控,就必须严格按建设程序对每一阶段的质量目标进行监控,这是保证工程项目质量的必要条件。

工程产品质量的产生、形成和实现的全过程经历了上述不同的几个建设阶段,各阶段对工程项目的质量有着不同的影响,工程项目质量的形成过程如图 3-3 所示。

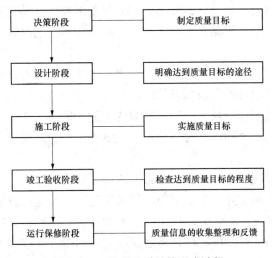

图 3-3 工程项目质量的形成过程

项目决策阶段主要是制定工程项目的质量目标及水平。应该注意的是，任何项目或产品，其质量目标的确定都是有条件的，脱离约束条件制定的质量目标是没有实际意义的。对于工程建设项目来说，质量目标和水平定得越高，其投资就越大，在施工队伍不变时，进度也就越慢。所以，我们应进行投资目标、质量目标和进度目标的综合控制，处理好三大目标的关系，制定出既合理又使建设单位满意的质量目标和水平。

项目设计阶段是通过工程设计使质量目标具体化，是指出达到规定的工程质量目标的途径和具体办法。

项目施工阶段是将质量目标和质量计划付诸实施的过程。通过施工及相应的质量控制将设计图纸变成工程实体，这一阶段是质量控制的关键时期。

竣工验收阶段是对工程项目的质量目标的完成程度进行检验、评定和考核的过程。工程项目的竣工验收与交接是实现建设投资向生产力（或使用价值）转化的标志，监理工程师应本着对国家、对社会负责的精神，积极慎重抓好这一重要环节。

运行保修阶段是通过运行保修收集相关的质量信息，巩固和确保工程质量，并在此基础上总结经验和教训，进一步提高质量控制能力，改进质量控制体系，进一步修订和完善同类工程项目的质量标准，并应用到其他同类工程中去，以使同类工程项目的质量不断提高。

2. 工程项目质量的影响因素

工程项目的质量影响因素可概括为"人"（Man）、"机"（Machine）、"料"（Material）、"法"（Method）、"环"（Environment）五大因素，简称4M1E。

其中"人"包括直接参与项目建设的组织者、指挥者和操作者。前面已述及工作质量是工程项目质量的一个组成部分，而工作质量则取决于与工程建设有关的所有部门和人员。每个工作岗位和每个工作人员的工作都直接或间接地影响着工程项目的质量。提高工作质量的关键在于提高人的素质，包括人的思想政治水平、质量意识、技术水平、文化水平、身体素质等。日本的企业管理很成功，其中很重要的一个方面就是日本企业把人的管理作为企业管理中最重要的战略因素，他们提倡用人的质量来保证工作质量，用工作质量来保证产品质量，这一点很值得我们借鉴。

"机"即施工机械设备，是工程建设的工具。施工机械设备对工程项目的施工质量有着直接的影响。所以在施工设备选型及性能参数确定时，都应考虑到施工机械设备对保证整个工程质量的影响，注意施工机械设备在经济上的合理性，技术上的先进性，使用操作和维护上的方便性等。

"料"即材料、构件和生产用的机电设备等。"料"的质量是形成工程项目实体质量的基础。未经监理工程师检验认可的工程材料以及没有出厂质检合格证的材料不得在施工中使用。生产用的机电设备则是使工程项目获得生产能力的保证，因此，在设备安装前监理工程师必须根据有关的标准、规范和合同条款对生产设备质量加以检验，经监理工程师认可后方可进行安装。

"法"包括施工方案和施工工艺。施工方案的正确性和施工工艺的先进性都直接影响工程项目的质量。实践中由于施工方案考虑不周、施工工艺落后而造成施工进度推迟，影响质量和增加投资的情况时有发生。为此在制定施工方案和施工工艺时，必须结合工程实际从技术、组织、管理、经济等方面进行分析、综合考虑，以确保施工方案技术上可行，经济上合理，有利于提高工程质量。

"环"即环境。影响工程项目质量的环境因素很多，主要有自然环境，如地形、地质、水文、气象等因素；劳动环境，如劳动组合、劳动工具和工作面等；工程管理环境，如各种质量管理和检验制度、质量保证体系等。环境因素对工程项目质量的影响复杂而多变，这就要求监理工程师尽可能全面地了解可能影响项目质量的各种环境因素，采取相应的控制措施，确保质量目标的实现。

3. 工程项目质量的特点

由于工程项目建设过程是一个复杂而庞大的系统过程，具有建设周期长、影响因素多等特点，使得工程项目的质量不同于一般工业产品的质量，主要表现在以下几个方面。

（1）影响因素多。诸如决策、设计、材料、施工机械设备、施工工序、施工方案、技术措施、管理制度及自然条件等，都直接或间接地影响到工程项目的质量。

（2）波动性大。任何一项产品的生产过程，不论客观条件保持得多么稳定，设备多么精确，工人操作水平如何高，其生产出来的产品都不会完全相同，也就是质量特性值不可能完全一样，或多或少总会有差别。这就是质量特性值的波动性，简称质量波动性。对于工程建设项目，尤其是水电工程项目，由于其建设的复杂性、多样性和单件性，使得它不像一般工业产品的生产那样有固定的生产工艺、生产流程、配套的生产设备、稳定的生产环境和完善的检测技术，所有这些都使得工程项目的质量较一般工业产品的质量波动性更大。

（3）变异性。工程项目种类是涉及面广、工期长、影响因素多的系统工程建设。系统中任何环节、任何因素出现质量问题都将引起系统的质量问题，造成质量事故，由此即为质量变异性。

（4）虚假性。工程项目在施工过程中由于工序交接多、中间产品多、隐蔽工程多，若未及时检查并发现其存在的质量问题，事后人表面看可能质量很好，造成判断错误，形成虚假质量。

（5）终检局限性。工程项目建成后，不可能像某些工业产品那样，可以通过拆卸或解体来检查内在的质量。所以工程项目终检时也不可能发现其内在的、隐蔽的所有质量缺陷。即便是检查出质量问题，也不可能像工业品那样采取"包换"或"退款"的方式了结质量纠纷。

由此可见，对于工程项目的质量应引起足够的重视，尤其应重视质量的事前控制，防患于未然，把质量事故消除在萌芽状态。

3.2　水电工程项目设计阶段的质量监控

3.2.1　工程项目设计的基本程序和内容

工程建设各阶段都有各自的工作程序，这种程序是工程建设活动内在规律性的反映。如水电工程项目规划设计阶段的工作程序：根据资源条件和国民经济长远发展规划进行流域规划，提出项目建议书，进行可行性研究和项目评估，编制设计任务书，进行初步设计和施工详图设计。

3.2.2　工程项目设计的质量监控

1. 设计质量监控的意义

工程项目设计是在已批准的项目设计任务书的基础上，运用先进的科学方法，对拟建工程项目的实施，从技术上和经济上进行全面规划和详细安排，并编制出相应的设计文件。

工程项目设计使其在设计任务书中所确定的质量目标及水平具体化，作为安排工程建设有关工作和组织施工的主要依据。设计质量的优劣直接影响工程项目的功能和使用价值，关系到国家财产和人民生命的安全。

（1）设计质量影响工程项目的质量、进度、投资三大目标的实现。

1）设计对项目质量目标的影响。设计是整个工程项目建设的灵魂，是工程质量的决定因素，是对工程项目使用价值和工程产品的属性特性（适用性、耐久性、可靠性、安全性、经济性）的预安排，工程项目质量能否满足使用要求，主要决定于设计过程，即工程质量源于设计。从对以往的工程建设质量事故的调查统计看，由于设计原因造成质量事故的比例相当大。因此，设计质量将直接影响项目质量目标的实现。

2）设计对投资目标的影响。由于工程项目施工以设计图纸为直接依据，因此在施工阶段欲从整体上改进项目的经济特性已无太大的余地，所以决策和设计阶段节约投资的可能性，远远大于施工阶段的可能性。要保证投资目标的实现，就必须重视工程设计阶段的质量控制工作。只有最佳的设计方案，才能充分保证建设项目总投资及投资计划的实施，实现项目建设全过程对投资目标的控制。

3）设计对项目进度目标的影响。如果设计单位提供的设计文件和图纸清晰、准确，易于理解和掌握，标准化施工程度高，无错、漏、碰、缺等问题，符合施工安排深度要求，那么施工单位就便于组织施工，有利于确保工程项目进度目标的实现。反之就很难保证。实践也证明工程项目的设计对进度目标的影响确实很大，特别是水电工程项目。因为水电施工详图设计是随着施工进展陆续进行的，所以设计进度和设计深度直接影响工程建设进度计划的实现。

（2）工程项目设计主导工程建设的全过程。工程建设以设计为主导，是一条符合实际的客观规律。如一个水电工程项目，其各项建筑和设施的总平面布置，每个建（构）筑物的具体建筑方案、结构方案和设备安装等实施方案，以及新技术、新工艺的推广等，都是通过设计来确定的。只有通过设计，从技术上、经济上对拟建项目做进一步详细研究和预算，才能具体确定工程建设方案，保证建设计划的落实。所以，设计工作渗透到整个工程建设的各个阶段，影响着工程建设的每一个环节。

（3）设计决定工程建设的经济效益、社会效益和环境效益。早在1955年陈云同志就指出"在建设项目确定后，设计就成为基本建设的关键问题了。企业在建设的时候能不能加快速度、保证质量、节约投资，在建设后能不能获得最大的经济效果，设计工作起着决定的作用"。一个先进合理的设计，应是采用先进的工艺和设备，合理布置生产场地，组织好生产流程，如此便有利于提高生产效益，降低生产成本，提高产品质量，减少材料、能源消耗；应有利于促进社会政治、经济、文化、科技、教育的发展和交流，不断推动社会的繁荣和进步。水电工程设计尤其要注重考虑水资源的综合开发利用，注重保护生态环境，防止污染，以收到良好的经济效益、社会效益和环境效益。

目前，在大多数工程项目的建设中，我国的建设监理制还只局限于施工阶段，并未深入到设计中去，其中很重要的一个原因，就是没有配套的投资体制改革。以水电工程为例，工程建设的前期工作是由政府主管部门委托设计院、咨询公司或聘请专家组来完成的，工程设计方案则要经有关部门代理政府主管部门审查（这实际上是在行使政府监理的职能和权力）。由于业主没有前期工作资金，所以设计院或专家组的设计和研究经费是由国家主管部门下拨的，设计院或专家组只对国家主管部门负责，而业主单位无权根据择优原则选择设计单位，也无权过问设计方案。所以目前对于水电工程实施前期的质量监控，主要由政府部门进行质量控制和把关。

大量的统计资料表明，项目实施前期工作对工程的投资、进度和质量三大目标的影响很大。政府方面对项目前期工作的质量监控比较宏观而不够详细周到，这样就可能在设计上产生疏忽和不尽合理，因而不利于施工或运行维护等。所以，对前期工作质量，不仅应加强政府主管部门的宏观控制，也应补充监理工程方面的微观监控，以弥补政府监理的不足，并为政府主管部门提供咨询服务。

2. 设计质量监控的依据

设计质量监控的依据主要是经国家决策部门批准的设计任务书和勘察设计承包合同。设计任务书规定了质量水平及标准。勘察设计承包合同则是根据设计任务书规定的质量水平及标准，提出了工程项目的具体质量目标，是开展设计工作质量控制的直接依据。鉴于目前设计承包合同不够详尽，故在设计质量监控中还需要以下依据：

（1）工程承包合同中有关设计的规定。

（2）有关工程建设及质量管理的法律、法规。

（3）有关工程建设的技术标准，各种设计规范、规程、标准以及有关设计参数的定额指标等。

（4）限额设计的有关规定。

（5）经批准的项目可行性研究报告、项目评估报告。

（6）反映项目建设过程及使用期内有关自然、技术经济、社会等方面情况的数据资料。

（7）其他如有关主管部门核发的航运、环境保护等的要求和建设用地规划等。

以上是设计质量监控的依据，也是设计质量评定的依据。

3. 设计单位的质量体系

设计单位的质量体系，即设计单位为达到一定的质量目标而通过一定的规章制度、程序、方法、机构，把质量保证活动加以系统化、程序化、标准化和制度化。质量体系是对设计全过程的质量保证，它是以保证和提高设计产品质量为目标，运用系统工程的原理和方法，设置统一协调的组织机构，把各个部门、各个环节的质量职能严密地组织起来，把各个环节的工作质量和设计质量联系起来，形成一个有明确任务、职责、权限、互相协调、互相促进的质量管理的有机整体。按照规定的标准，通过质量信息反馈网络，进行动态的质量控制活动。

设计单位质量体系的内容主要有以下几个方面：

（1）设计要有明确的质量方针、质量目标和质量计划。

（2）各职能部门要有严密的、相互协调的组织机构和职责分工。

（3）要建立一个有职、有权、认真负责的质量管理机构，负责组织、协调各部门开展活动，并对设计质量进行检查评价，以及组织设计创优工作。

（4）必须建有高效灵敏的质量信息反馈系统，并保证质量信息传递及时、准确。

（5）建立保证质量目标实现的各类标准（技术标准、工作标准、管理标准）和各项规章制度，并对执行情况进行考核评比并与奖罚结合。

（6）设计全过程要遵从 PDCA 循环的思想和方法，不断提高设计质量。

4. 设计准备阶段的质量监控工作

从工程项目批准立项到具体的初步设计之前这一段时间，称为设计准备阶段。这一阶段是为项目的具体设计做充分的准备工作，也是为保证设计质量所必须经历的阶段。

实际工作中，业主委托监理单位进行监理时，把设计准备阶段和具体的设计阶段统称为设计阶段。因此监理单位在设计准备阶段的质量监控工作，是在监理单位同业主签订设计阶段的监理合同之后进行的。监理单位需根据被监理项目的需要，委托项目总监理工程师，成立项目监理小组，安排监理小组中各专业监理工程师人选。项目总监理工程师应根据监理合同的有关规定和要求，制定具体的监理规划和措施，并经上级批准后进行监理工作。

监理单位在设计准备阶段的质量控制工作，主要有以下几项内容：

（1）编制设计要求文件。根据已经批准的项目设计任务书、选坝报告以及有关部门的规定、要求等，将设计任务书中规定的质量水平和质量标准进行具体描述和充实，编制出具体的设计技术经济要求文件，通常称为要求文件。

项目总监理工程师应组织各专业监理工程师结合建设项目的特点，对工程项目有关批文和设计所需的主要技术经济资料，进行深入研究分析，切实掌握被监理项目的专业设计特点和关键问题，并提出各专业设计项目的设计原则和设计要求。同时，项目总监理工程师还负责组织各专业工程师与业主就各专业的设计原则和设计要求，进行磋商、修正和签认。经业主签认后的设计要求文件，将作为项目设计的指导性文件。

（2）组织设计招标或设计方案竞赛。设计招标是通过评标选择中标单位承担设计任务，而设计方案竞赛则不存在中标签订设计合同问题，它只是评选竞赛的名次，找出各参赛方案的优点，然后另行委托设计单位据此作出新的方案。两者竞争方式相比，后者更能为业主带来效益。

工程项目的设计招标或设计方案竞赛工作，一般是由项目的总监理工程师负责组织。项目总监理工程师组织设计的招标文件或设计竞赛文件，经审查后送业主单位签认。设计招标文件的主要内容参见《工程建设合同管理》。若是进行设计竞赛，其设计竞赛文件的主要内容则应包括竞赛条件、竞赛内容、空间规划、质量要求、评奖办法、指标计算表格、附件等。

设计招标文件或竞赛文件经业主签认以后，监理单位应协助业主单位对参加投标或竞赛的设计单位进行资格审核，然后由业主和设计单位发出招标邀请及招标文件或设计竞赛文件。同时监理单位还需会同业主共同组织投标单位或竞赛单位进行现场踏勘，并对招标文件或竞赛文件等有关设计问题进行答疑，答疑问题需经监理单位整理后，以书面形式作为设计招标文件或设计方案竞赛文件的补充内容。

工程项目设计招标的评标或设计竞赛方案的评选工作，一般由项目总监理工程师负责组织，有监理单位总工程师参加，或邀请有关专家参加，通过评选向业主单位推荐若干个优选方案，由业主或业务主管部门确定最终方案。

（3）选择勘察设计单位及签订勘察设计合同。根据招标或设计方案竞赛最终批准的设计方案，监理单位应协助业主单位选择勘察设计单位，并对设计承包单位的资质进行审查认可，协助业主与设计承包方商签设计合同，并要求业主在合同写明承包方的质量保证责任。当设计承包单位需要向其他单位委托设计分包时，为保证设计质量，监理单位应对设计分包单位的资质进行审查。

勘察设计合同一经签订即进入具体的项目设计阶段。

5. 设计图纸及设计文件的审核

设计图纸是设计工作的最终成果，设计质量主要通过设计图纸的质量反映，因此监理单位应重视设计图纸的审核。设计图纸审核的主要内容：项目总监理工程师负责组织各专业监理工程师审查设计单位提交的设计图纸和设计文件内容是否准确完整，是否符合深度要求，若不能满足要求，则应提出监理审核意见并敦促设计单位解决。

设计图纸及设计文件的审核，分为社会监理和政府监理两个层次。

（1）社会监理的审核。监理工程师对设计图纸及设计文件的审核是按设计阶段顺序依次进行的。

1）初步设计阶段。这一阶段设计图纸的审核侧重于工程项目所采用的技术方案是否符合总体方案的要求，以及是否达到项目决策阶段确定的质量标准。该阶段的设计图纸应满足下列要求：

　　a．设计方案的比选和确定。

　　b．主要设备、材料的订货。

　　c．土地征用及移民安排。

　　d．项目建设总投资的控制。

　　e．施工准备和生产准备。

2）技术设计阶段。这一阶段设计图纸的审核侧重于各项设计是否符合预定的质量标准和要求。

另外，由于工程项目要求的质量与其所支出的投资是呈正相关的，因此，在初步设计和技术设计阶段，监理工程师在审核图纸的同时，还要审核相应的概预算文件是否符合投资限额的要求。

3）施工图纸设计阶段。施工图是关于建（构）筑物、设备等工程对象的尺寸、布置、选用、构造、相互关系、施工及安装质量要求的详细图纸和说明。施工图设计阶段的主要内容是根据初步设计或技术设计内容，设计并绘制出正确完整的施工图。

对施工图的审核，应侧重于使用功能及质量要求是否满足设计要求文件中关于质量目标的具体描述。

（2）政府监理的审核。政府主管部门对设计图纸及设计文件的审核，主要侧重于以下几方面：

1）是否符合城市、部门及行业规划方面的要求，如电力系统规划要求、流域规划要求等。

2）工程项目本身是否符合法定的技术、标准，如安全、防火、卫生、节能、三废治理等方面是否符合标准及规定。

3）有关专业工程设计的审核，如给水、排水、供电、供热、交通、通信等专业工程的设计，应主要审核是否与所在地区的各项公共设施相协调与衔接等。

监理单位对设计图纸及设计文件的审核要进行质量评定，并将质量评定报告和设计图及设计文件送交业主签认。至此，标志设计阶段质量监控工作结束。

3.3　承包商（施工企业）资质和质量体系的审核

3.3.1　承包商（施工企业）资质的审核

1．承包商（施工企业）资质

任何建筑工程都必须通过承包商（施工企业）来建造完成，而工程质量的高低及好坏与承包商（施工企业）的资质和水平有密切关系，因此在工程项目施工前，监理工程师必须对参与项目施工的承包商（施工企业）的资质进行审核及认可。

对承包商（施工企业）资质的要求，一般包括以下几个方面。

（1）职工的资质和经历。

1）主要技术负责人必须具有大中专以上学历，取得相应的高级职称，主持过与所承包项目规模相同或类似的工程的施工工作，并取得良好的质量效果；身体健康，能胜任所承包项目的技术管理及组织工作。

2）各类技术人员（正式职工）均应具有中专以上学历和三年以上施工经验，熟悉施工工艺、质量检验和施工操作等知识，并取得一定比例的中、高级职称。

3）各工种均有一定比例的熟练工人，特殊工种人员（如电焊工、无损检测人员等），均要求取得相应的资格证书。

（2）施工装备和设备。

1）具有施工中各工种所应用的施工机械，其规格、数量和生产能力与该工种的施工规模、施工方法和施工条件相适应，而且设备完好、先进。

2）具有一定数量和比较先进的检测设备、仪器和工具，能适应工程质量检验的需要。

3）具有一定数量的设计和施工管理所需的计算软硬件。

（3）施工经历和经验。承包单位曾参与施工一定数量的各类型工程，经验丰富，特别是近几年来曾完成与所承包项目规模相同或相近的工程，而且质量良好。

（4）施工信誉。承包单位在以往的施工中，未出现过因施工原因而造成的重大质量事故或有争议的质量问题；未出现过因质量问题而受到罚款处分，信誉较好；或曾因质量优良而受到奖励。

（5）组织管理。承包单位的施工组织管理水平较高，有严格的质量制度、健全的质量责任和质量体系及有效的质量控制措施。

（6）财务能力和财务状况。承包单位的财务状况较好，有一定的支付能力，历史上未发生过较大的财务纠葛。

2. 承包商（施工企业）资质的审核

承包商（施工企业）的资质，一般在招标工作中已做过初步审核。在项目施工阶段是对承包商（施工企业）的资质进行复查，审查的主要内容是施工队伍的技术力量，投入本项工程的施工装备、设备及检测手段，检验力量，质量控制措施及有关的管理制度。重点是审查人员的素质和技术力量，重要工种（如焊接、检验、检测、理化试验等）的资格，质量控制措施等。

在施工阶段，监理工程师应按上面所说的标准对分包商进行全面审核，在未取得监理工程师认可前不得进场。

3. 审核的结论

监理工程师对承包商（施工企业）的资质进行审查后，应做出评审结论。评审结论通常可分为下列3类：

（1）资质合格，具备进行施工的条件。

（2）资质基本合格，个别方面（如人员、设备方面）尚欠缺，建议承包商立即采取措施加以改善（如对人员进行培训和考核，对设备进行更新或添置）。

（3）资质不合格（如技术力量薄弱，人员素质极差，设备简陋，检测手段落后等；或者是以往信誉较差，质量事故频繁；或者是以往未承建过类似规模工程，施工质量无保障等），不具备进行施工的条件。

3.3.2 质量管理和质量保证

1. 质量管理和质量保证

质量管理是对确定和达到质量要求所必需的职能活动的管理，其职能是制定质量方针和目标，并加以实施。质量管理的内容之一就是质量控制。

质量保证是指为使人们确信某一产品（工程）、过程或服务质量能满足规定的要求所必需的有计划、有系统的全部活动。由于质量保证的中心问题是取得用户（建设单位）、主管部门和社会对质量的信任，所必须进行有计划、有组织的活动，开展从设计、施工、竣工到交付使用的全过程质量管理活动，以便提供能满足用户要求的产品，从而获得用户、主管部门和社会的信任。

质量保证的作用可分为对企业外部（用户）和对企业内部两个方面，对企业外部是向用户表明：①工程项目是按照共同确认的质量保证计划完成的。②工程质量完全满足合同和用户的要求。③所提供的全部技术文件完全能满足用户对工程项目的维修、扩建和改造的要求。

对企业内部，通过质量保证活动达到以下目的：①在工程建设过程中控制质量。②及时发现工序异常和质量事故征兆，迅速采取措施进行纠正和补救，使工序处于控制之中。③对已发生的质量问题进行追踪调查和分析，通过及时采取补救措施，并且查明问题的原因和责任，吸取教训，防止问题再次发生，以降低损失费用和工程总成本。

2. 质量保证的内容

质量保证贯穿在工程建设和管理的全过程，它的内容可按工程建设、管理的阶段和专业系统划分如下：

（1）工程建设、管理的阶段。

1）设计阶段的质量保证。

2）施工准备阶段的质量保证。

3）施工阶段的质量保证。

4）使用阶段的质量保证。

（2）专业系统。

1）设计质量保证，它包括：

a. 设计程序管理。

b. 设计方案的评审（方案的技术、经济、适用、安全和可靠性）。

c. 设计参数的采用和审核。

d. 设计标准的采用和管理。

e. 新材料、新工艺、新技术的采用和管理。

f. 材料、设备的选用。

g. 设计的审查及确认。

h. 设计变更管理。

i. 设计文件管理。

2）施工计划质量保证，它包括：

a．按施工程序和工期安排施工任务。

b．根据施工工艺、施工任务、施工设备合理安排人力和物力。

3）技术工作的质量保证。

4）器材供应工作的质量保证。

5）施工组织工作的质量保证。

6）计量工作的质量保证。

7）质量情报工作的质量保证。

8）质量检验工作的质量保证。

9）试运行和竣工验收的质量保证。

10）工程使用过程的质量保证。

3.3.3　质量体系及其审核

1．质量体系的基本概念

质量体系是指为保证质量满足规定的或潜在的要求，由组织机构、职责、程序、活动、能力和资源等构成的有机整体。也就是说，质量体系是企业以保证工程质量为目的，将企业内部各部门、各环节的经营、管理活动严密地组织起来，明确他们在保证工程质量方面的任务、责任、权限、工作程序和方法，从而形成的一个互相协作的、有机的、质量保证的整体。质量管理是通过建立、健全质量体系来实现的。

质量体系最主要的工作内容包括两个方面：一是对具体的作业技术和活动进行控制，二是内部质量的保证。质量体系有关概念的关系如图 3-4 所示，两者互相渗透，而不能一刀切开（故呈 S 形）。企业外部的质量保证活动对企业内部的质量保证和质量控制也起着重要的影响，如图 3-4 中阴影部分所示。建设监理单位的质量控制实际上就是作为企业外部的质量保证活动对企业内部质量保证和质量控制施加的影响，它将涉及质量管理的全部领域。所以监理单位在进行质量控制时，必须研究企业的质量控制，同时还应研究企业在质量控制中与相关单位及其他环境的关系。

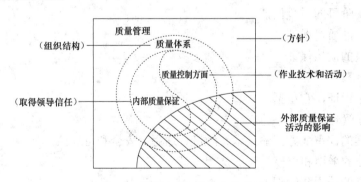

图 3-4　质量体系有关概念的关系

2．质量体系的组成

专业（业务）系统按各部门业务和专业性质的不同，质量体系可分为若干个分体系，称为质量保证系统，通常分为：

（1）技术经济开发系统。负责调查、分析同行业竞争对手的质量水平及用户对工程质量的要求、新技术的开发研究、施工可行性研究。

（2）质量管理系统。负责编制质量指标计划、各项质量管理制度、质量检验流程，实施工序质量控制，调查分析质量事故，对质量信息进行分析、研究。

（3）原材料系统。负责调查供货单位的信誉，审查供货单位的资格，签订供货合同，组织进货质量检验和试验，处理不合格材料等。

（4）外委加工系统。负责零部件、加工件的向外委托加工，组织对其质量的检验、认证，并负责交货后质量问题的处理及索赔。

（5）质量检验和实验系统。负责施工全过程的质量检验和试验、无损检测、质量评价等。

（6）技术管理系统。负责编制施工组织设计和施工技术措施，进行技术交流，按照施工规范、规程和技术标准指导施工，组织编写施工日记和施工记录，整编技术资料等。

（7）设备机具系统。负责编制设备、机具的操作规程，组织对设备、机具进行使用评价、故障分析和维护保养。

（8）教育培训系统。负责各类人员的技术培训及考试等。

（9）计量系统。负责编制企业计量管理规定和计量检定计划，组织计量检定等。

（10）质量成本系统。负责质量成本项目的分类，成本资料的收集、分析、汇总和报告等。

（11）交工后服务系统。负责质量回访，质量问题的分析处理、返修、赔偿等。

3. 质量体系的内容构成

质量体系在内容上应由质量保证体制和人员、《质量保证手册》、质量体系图、质量信息反馈系统4个方面构成。

（1）质量保证体制和人员。施工企业应设置在公司经理、总工程师领导下的质量保证机构（处、科），其负责人为质量保证工程师，同时建立企业内各级质量保证体制（如工程处或工区、施工队）。在质量保证工程师的下面分设岗位责任工程师，负责本专业（业务）系统的质量保证工作。

（2）《质量保证手册》的内容。

1）企业经营管理方针及质量管理目标。

2）《质量保证手册》的立法程序及其监督执行。

3）质量保证体制中各有关机构、人员的质量职能及职责。

4）各项业务工作的标准化规定、工程流程、工作标准及质量保证要求。

5）质量控制环节、控制点的划分、设置及控制方法。

6）质量保证教育。

7）质量保证监察。

8）接受政府监理机构及用户质量监督的做法。

9）手册主要用语的定义。

（3）质量体系图和质量保证控制系统图。质量体系图是直观反映质量保证各有关业务部门在质量保证活动中的相互关系及其活动程序。质量保证控制系统图的表示方法有两种，一种是表示业务管理系统、控制环节及控制点的设置情况，称为系统控制图；另一种是表示和控制系统的工作程序及控制环节的关系，称为质量保证控制系统流程图（如图3-5所示）。

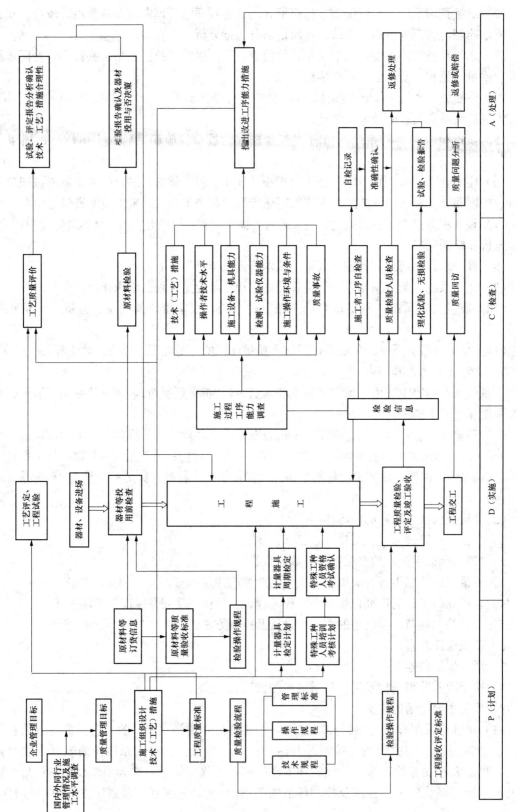

图 3-5　质量保证控制系统流程图

（4）质量信息及反馈系统。质量信息及反馈系统分为企业级和企业内部各专业（业务）部门级。企业级的质量信息反馈系统的信息来自两个方面，即用户（建设单位、生产单位）在生产使用过程中提供的工程质量信息和国内外同行先进技术质量及管理的信息。企业内各专业（业务）部门的质量信息主要是各阶段管理信息的相互传递。

4. 质量保证机构

施工企业（公司）应设置在企业经理和总工程师领导下的质量保证科（处）下辖的 3 个系统和 4 个站，即

（1）质量检查系统。在质量保证科（处）的领导下，在各工程处（工区）设质量站，对工程处（工区）实行质量监督和检查。各质量站又分别在各施工队派驻质量检查员，对施工队的质量实行监督和检查。

（2）试验和无损检测系统。全企业（公司）的试验和无损检测均归质量保证科（处）领导，各工程处（工区）设无损检测站，由质量站领导。

（3）计量管理系统。质量保证科（处）内设计量组（科），各工程处（工区）设专职计量管理员，其业务由质量保证科（处）领导，行政由工程处（工区）领导。各施工队设专职或兼职计量员，业务由工程处（工区）计量管理员领导。

（4）质量检查站（质量站）。

（5）中心检测站。中心检测站由质量保证科（处）领导，负责全企业（公司）的理化试验和各项工艺的评定试验工作。

（6）计量检定站。计量检定站由质量保证科（处）领导，负责全企业（公司）内计量器具的周期性检定工作。

（7）工种考试站。工种考试站负责定期组织各工种的资格考试，统一管理各工种工人的技术档案。

5. 质量保证机构的职责（共 10 级）

（1）经理。

1）负责企业（公司）的全面领导工作。

2）贯彻执行国家的方针、政策和法令。

3）组织制定企业的质量目标计划。

4）及时掌握工程质量的动态和信息，协调各部门的工作，对重大质量问题组织讨论和决策。

5）对职工进行质量教育和质量奖罚。

6）批准企业的《质量保证手册》。

7）检查总工程师和质量保证工程师的工作。

（2）总工程师。

1）组织、指导企业的质量保证工作，对质量保证工作的技术问题全面负责。

2）贯彻执行国家的政策及有关的技术规程、技术标准、操作规程，组织编定和实施《质量保证手册》。

3）组织审核和实施企业的质量指标计划。

4）参加和组织质量工作会议，对重大质量问题提出技术措施和意见，组织对重大质量事故进行调查、分析，审批处理方案。

5）听取质量保证部门的汇报，对影响质量的措施、违规作业有权制止和指令返工。

（3）质量保证工程师。

1）全面负责企业的质量保证具体工作，贯彻执行上级的各项质量政策，组织实施《质量保证手册》。

2）组织制定各项质量管理制度、企业质量目标及质量指标的措施计划，并负责实施。

3）执行经理和总工程师关于质量管理方面的意志和决策。

4）组织本系统的质量保证活动，监督和检查各质量检查站、中心试验室、无损检测队、计量检定站、工种考试站的工作。

5）分析质量动态，综合质量信息，上报总工程师和经理。

6）组织企业的质量检查和质量事故的调查分析，并提出处理意见。

7）定期提出企业内的质量奖罚意见。

（4）工程处（工区）主任。

1）全面负责本工程处（工区）的工程质量，贯彻上级的质量管理政策、规定、制度。

2）对职工进行质量教育，严格要求职工按技术规程和操作规程施工，对本单位的质量事故负有领导责任。

3）组织质量问题的调查分析，批准处理意见，制止违规作业，支持质量检查人员的工作。

（5）工程处（工区）主任工程师。

1）在工程处（工区）主任领导下全面负责本单位的质量保证工作，组织实施《质量保证手册》中的各项规定。

2）组织制定本单位的质量保证指标计划的实施措施，组织施工设计的编制，审批施工技术方案和施工技术措施。

3）掌握和分析本单位工程质量动态，并采取相应的对策，有权制止各种违规作业。

4）组织本单位质量事故的分析和提出处理意见，对事故责任者提出处理意见。

5）负责审查或组织本单位的质量评定工作，组织本单位的质量检查工作。

（6）施工队队长。

1）组织本单位的质量保证活动，落实《质量保证手册》的各项要求。

2）接受质量检查部门的监督和检查，对发现的质量问题认真处理和整改。

3）负责和组织本单位的质量自检和工序交接的自检，并做好自检记录和施工记录。

4）负责向主任工程师提供质量事故的真实情况。

（7）施工队技术负责人。

1）将上级质量管理的有关规定、技术规程、技术标准和设计图纸的要求，变为施工技术方案和技术交底的具体措施。

2）负责贯彻《质量保证手册》中的有关规定，对本单位的质量问题或工序中的失控环节进行分析判断，提出解决措施。

3）有权制止违规作业的行为，对本单位的质量问题和质量事故向上级报告，并提出初步分析意见。

4）检查本单位的质量自检情况及自检记录，并协助质量检查员开展工作。

5）组织本单位的分部分项工程的质量评定，参加单位工程的质量评定。

6）指导 QC 小组活动，审查 QC 小组活动报告。

（8）施工班（组）长。

1）执行上级各项质量管理规定，以及技术操作规程、规定和标准，并严格按图纸施工，确保工序的施工质量。

2）组织本班组的质量自检，并认真做好记录。

3）接受技术人员和质量检查人员对施工过程的监督、检查。

4）对不合格材料拒绝使用，并向上级反映。

5）出现质量问题或事故应据实上报，并按要求返工修补。

（9）操作者。

1）坚持按技术操作规程、技术交底及图纸施工，对质量事故负直接操作责任。

2）认真做好质量自检并完成自检记录。

3）对工序操作做到"三不"，即不合格材料、配件不用，上道工序质量不合格不承接，本道工序质量不合格不交工。

4）虚心接受技术人员和质量检查员的监督和检查，出现质量问题主动据实报告。

（10）专职质量检查员。

1）全面负责管辖范围内的质量监督检查工作。

2）严格控制材料检查、工序交接、隐藏工程验收、重要工种考试及资格审查、交工验收等的质量，对施工员所做的施工记录进行认真审查并签字确认，工作如有疏漏，应追究责任。

3）发现违规操作，立即提出制止或责令返工、停工，通知施工队负责人和并报告质量检查站。

4）收集和整理施工过程的检查记录，并向质量检查站填报各种质量报表。

5）参加负责区段的工程质量动态分析和事故调查分析。

6）协助施工队和工程处（工区）技术人员做好分部分项、单位工程的质量评定。

6. 施工技术工作的质量保证

（1）施工技术工作质量保证的任务。施工技术工作质量保证的任务是正确执行国家的各项技术政策、技术规程、规范和标准，合理安排施工程序，正确制定施工方案，提供全面技术工作的证明和依据，确保工程质量符合设计、合同及标准的要求。

（2）施工技术工作质量保证的内容。施工技术工作质量保证的内容是设计图纸的审查，组织施工设计和施工技术措施的编制，施工工艺评定，技术交底，技术复核，工程档案管理，竣工图的编制等。

（3）施工技术工作质量保证的内容程序。施工技术工作质量保证的程序，如图 3-6 所示。

7. 质量保证的实施

在质量管理中，质量保证的实施通常采用 PDCA 循环。所谓 PDCA 循环，就是将质量保证活动分为计划（Plan）、实施（Do）、检查（Check）、处理（Action）4 个执行阶段，而这 4 个执行阶段又分为 8 个行动步骤。

（1）第一阶段。第一阶段是计划阶段（简称 P 阶段），在这个阶段质量保证活动分为以下 4 个步骤：

1）第 1 步是调查分析质量状况的现状，找出存在的质量问题。

2）第 2 步是分析影响质量问题的各种原因和影响因素。

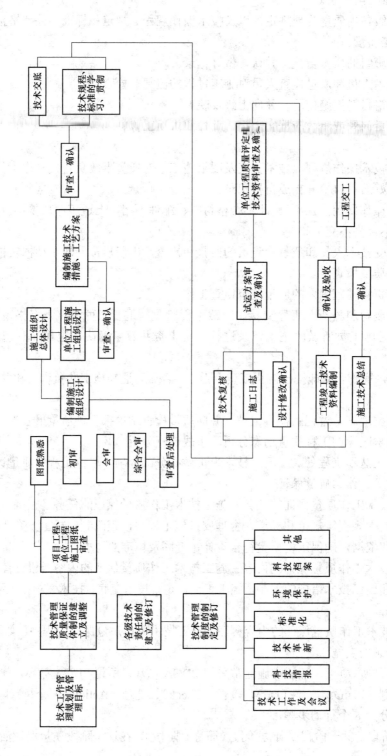

图 3-6　施工技术工作质量保证的程序

3）第 3 步是从各种影响因素中找出影响质量问题的主要因素。

4）第 4 步是针对主要因素制定改善质量的措施，提出行动计划（即制定完成任务的方法、对策和措施，明确具体的负责人和实施的时间），并预计实施的效果。如在某压力钢管安装工程焊接施工中，解决产生条状夹渣质量问题的对策和措施，如表 3-1 所示。

表 3-1   解决产生条状夹渣质量问题的对策和措施

影响因素	原因	对策和措施	负责人	完成时间
操作者	工作时间长，焊工疲劳	连续工作时间不超过 4h，每天不超过 8h	钱××	4 月 20 日
	清渣不净	层间焊道用磨光机磨净	钱××	4 月 20 日
	运条方法不当	改用反月牙形运条法，左右停留	赵××	4 月 20 日
环境	风沙大	使用防风屏障等，5 级以上风不施工	孙××	4 月 20 日
焊接工艺	层间温度低	一个焊口必须在 2h 内焊完	李××	4 月 20 日
	电流调整不及时	教育焊工及时调整电流	李××	4 月 20 日

（2）第二阶段。第二阶段是实施阶段（简称 D 阶段），这个阶段是质量保证活动中的第 5 个步骤，其内容是组织对质量措施和行动计划的贯彻实施。

（3）第三阶段。第三阶段是检查阶段（简称 C 阶段），这个阶段是质量保证活动中的第 6 个步骤，其内容是检查质量措施和质量计划实施以后的效果，并与质量计划进行对比分析。

（4）第四阶段。第四阶段是处理阶段（简称 A 阶段），这个阶段的质量保证活动分为两个步骤，即行动步骤中的第 7 步和第 8 步：

1）第 7 步是总结经验，完善质量措施，制定质量标准。

2）第 8 步是提出尚未解决的质量问题，找出原因，转入下一个循环的质量控制。

经过上面 4 个阶段和 8 个步骤质量控制的一个循环后，可以继续再进行下一 PDCA 循环，每通过一个循环，工程质量就会提高一步，如此一个循环接一个循环不停地重复下去，工程质量和质量管理水平就会逐步提高。

8. 质量体系的审核

承包单位进驻现场以后，在向监理单位申报各项施工方案的同时，应向监理单位呈报质量体系以供审核，而且在施工过程中，监理单位还要不断地对承包单位的质量体系进行检验和评价，并提出改进建议。监理工程师通过审核承包单位的质量体系来查明质量系统是否健全，是否具备了保证工程质量的人力、物力和技术，各有关部门和人员的职责和权力是否明确，是否严格规定了完成质量保证任务所必须进行的活动和程序，以及质量体系各要素的实施是否能达到规定的目标。

质量体系的审核一般分为内部人员审核和企业外部人员审核两类，质量体系内部审核者是企业领导和项目经理，企业外部审核者是监理工程师。

监理工程师对承包单位质量体系的审核包括质量体系是否健全和质量体系运行效果两个方面。审核的依据是质量方案（质量目标及水平）、质量计划、《质量保证手册》和质量规划（针对整个工程项目规定的质量措施、资源和活动的文件）。

质量体系审核应按计划进行，审核后应编写审核报告，内容包括审核情况和内容、审核的结论和建议等。

监理工程师对质量体系审核的内容包括以下几方面。

（1）领导者在质量保证方面的职责是否明确。项目经理是建立和完善质量体系，并保证其有效运行的关键因素，其主要职责有：

1）研究和制定质量方针，并采取必要措施保证质量方针被有关人员掌握和执行。

2）制定和实施质量目标。

3）组织和建立质量体系，保证质量体系的有效运行和质量方针的实现。

4）进行质量职能（包括调查研究、投标、签订合同、设计、物资供应、材料及设备试验、施工准备、施工、质量检验、竣工验收、用后服务、维修等活动）的分配及落实，制定奖惩办法，配备必要的物力，以利于质量保证活动的开展。

（2）质量体系的构成是否健全。审核质量体系是否健全的内容包括：

1）是否建立和完善了质量机构及与质量有关的相关机构（如材料、加工、生产、技术、实验、设备、机械、计量、劳动、教育等），是否配齐了相应的专职工作人员，并对其技术资质进行审查。

2）是否明确了各部门及其人员在质量保证方面的职责和权限，是否有明确的衡量和评价其工作的标准，以及相应的赏罚措施。

3）是否确定了各部门相互配合和协调的工作程序，一切有关质量的工作是否都能按规定的程序进行。

4）质量体系文件是否完备，是否能满足质量体系有效运行的需要和作为质量活动的依据。质量体系文件包括《质量保证手册》、程序文件（指为了落实质量体系要素所开展的有关活动的规章制度和实施办法，内容包括做什么事，何时何地由谁来做，以及完成活动所需的材料、设备和方法等）、质量计划和质量记录等。

3.4 水电工程项目施工阶段的质量监控

施工阶段所涉及的问题很多，主要有施工进度、施工质量和工程投资。监理工程师既要充分发挥投资效益，又要保证工程的进度和质量，三者既是独立的，又是相关的，其中的纽带就是支付手段。监理工程师可以运用赋予他的计量支付方面的权力，来控制和保证工程的进度和质量符合设计和合同规定的条件，凡是质量不符合合同规定的，监理工程师可以拒付款；凡是工程进度和其他违反合同条款的，监理工程师也可以拒付款，以此来督促施工单位（承包商）认真对待工程的进度和质量。但是，仅仅依靠计量支付手段来保证工程的质量是不够的，也是消极的，因为它并不能防患于未然。积极的方法是充分动员和发挥施工单位质量保证系统的力量和监理单位质量监控系统的监督作用。如此可有效保证施工质量并消灭事故于形成之前。

3.4.1 施工阶段质量监控的系统过程

1. 施工阶段质量监控系统过程的含义

工程项目是通过投入材料，经过施工和安排逐步建成的，而工程项目的质量就是在这个系统过程中逐步形成的，所以施工阶段的质量监控是从投入原材料的质量监控开始，经过对施工及安装工艺的质量监控，直到对工程产品的质量监控（质量检验）为止，这样一个全过程的系统控制过程即施工阶段质量监控系统过程。

2. 施工各阶段的质量监控

施工阶段监理工程师对工程质量的监控，就是组织、监督和检查各承包单位根据设计图纸和合同规定的质量标准进行施工的全过程。在这一活动中，监理工程师不仅要对业主的利益负责，也要对国家和社会的利益负责。

施工阶段的质量监控可分为三个部分，即前期（事前）的质量监控、施工过程（事中）的质量监控和后期（事后）的质量监控。施工阶段质量监控的任务，如图 3-7 所示。

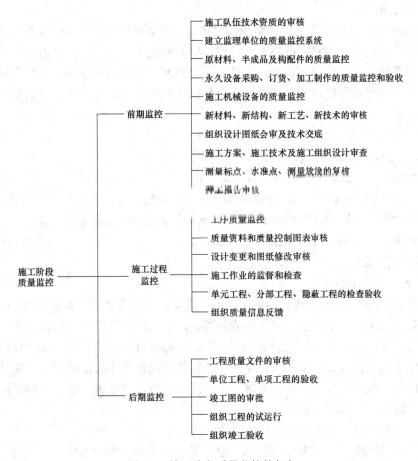

图 3-7 施工阶段质量监控的任务

（1）前期的质量监控。施工前期的质量监控是指工程在正式施工前所进行的质量控制，但是其控制内容常常延续到施工的全过程之中，包括以下主要内容。

1）施工队伍技术资质的审查，包括监理工程师对承包单位及分包单位技术素质、施工队伍技术资质的审查。对不合格人员，监理工程师有权提出更换。

2）监理工程师建立自己的质量监控系统，协助和指导承包单位建立和健全质量保证系统、质量管理制度（包括现场质量研讨会、现场质量检验制度、质量统计报表制度、质量事故报告制度、职工教育和培训制度、职工业绩考核制度和质量评比、评奖制度等）、质量保证活动，完善其质量检验和计量技术及手段。

3）对工程施工中所采用的原材料、半成品、构件的质量（包括混凝土的配合比）进行检查及审查，凡是所订购的材料，都应经监理工程师对样品进行检查合格后方可采购，所采购的材料均应有产品出厂合格证或技术说明，监理工程师应按规定进行抽验，检验合格后方可使用。

4）对工程中所使用的永久性设备，应按照经过审批的图纸采购订货，设备到货后监理工程师应立刻进行检查和验收。

5）工程施工中所采用的新材料、新结构、新工艺、新技术，均应先审查技术鉴定书，并经试验验证后方可采用。

6）组织图纸会审。由监理工程师组织建设单位、设计单位和施工单位参加图纸会审，首先由设计单位介绍设计意图和图纸，设计特点，以及对施工的要求。然后由施工单位指出图纸中存在的问题和对设计单位的要求，通过三方协商解决存在的问题，写出会议纪要交设计人员，设计人员对纪要中提出的问题，用书面形式进行解释或提交设计变更通知书。图纸审查的主要内容有：

a．图纸是否完整无误，是否存在矛盾和问题。

b．和专业图纸之间、图与表格之间的结构和材料的规格、型号、质量、数量、标号、坐标、高程和尺寸是否一致，是否有错、漏、缺。

c．各专业图纸之间预留孔洞、预埋件等的尺寸、规格、数量、高程是否一致。

d．设计选型、选材、结构等是否合理，是否便于施工和保证工程质量。

e．地质资料是否齐全，设计地震烈度是否符合要求，建筑材料的来源是否有保证。

f．地基处理是否合理。

g．施工安全是否有保证。

7）组织技术交底。技术交底的目的是使参与施工的人员熟悉和了解所担负的工程特点、设计意图、技术要求、施工工艺和应注意的问题。技术交底必须以书面形式进行，经过检查与审核，有签发人、审核人、接受人的签字。技术交底分设计交底和施工单位内部交底两类。

设计交底是由设计人员向施工单位交底，内容包括设计文件的依据，建设项目的地理位置、地形、地貌、水文、气象、水文地质、工程地质、地震烈度等，施工图的设计依据、设计意图，施工时应注意的事项等。

施工单位内部的技术交底一般分为3级进行：

a．重点和大型项目、技术复杂的项目由企业的总工程师向有关科室及工程处（工区）有关人员进行技术交底。

b．中、小型项目由工程处（工区）主任工程师或技术负责人向本处职能部门及施工队的有关人员进行技术交底。

c．分部分项工程由施工队技术人员向施工的全体人员进行技术交底。

技术交底的主要内容如下：

（a）工程概况、工程特点、施工特点、进度计划、工期要求。

（b）施工程序、工序安排。

（c）主要施工方法及技术要求。

（d）器材设备及加工件的供应情况及有关要求。

（e）所执行的技术规范、规程及质量检验标准。

（f）保证施工质量及施工安全的措施及要求。

8）对承包单位提出的施工方案、施工技术和施工组织进行审查。

9）检查工程现场的测量标点、水准点，并对工程测量放线进行复核。

10）审核施工单位提出的开工报告，并根据施工现场的准备情况发布开工令。

（2）施工过程的质量监控。

1）指导和协助施工单位建立和完善工序质量控制。

2）检查和审核施工单位提交的质量统计分析资料和质量控制图表。

3）审核设计变更和图纸修改。对于设计变更文件的处理一般有下列 3 种方式：

a．如系业主要求改变，则应由业主根据委托合同向监理工程师提出，由监理工程师出图纸，并向承包商发指令，承包商在接到指令后进行施工设计，然后按程序审批手续。

b．如系原来设计考虑不周造成遗漏，一般由监理工程师提出变更设计，并报告业主，同时向承包商下达变更令。

c．如系施工中遇到具体问题，则由承包商根据具体情况提出书面文件和变更图纸，报监理工程师审批，在批准前承包商不能对施工做任何变更。

4）对施工作业进行监督和检查，发现违规行为及时纠正。在施工过程中，监理工程师要派出检查员（现场工程师）对现场作业进行巡视和临场监督，俗称"旁站监理"，对于申反合同规定，对工程质量有影响的活动，如隐藏工程完工后未经检查擅自覆盖，上一道工序完工未经检验即进行下一道工序施工，质量事故未处理即自行继续施工，使用不合格材料（包括半成品、构件等）施工，擅自更改设计图纸，使用未经审查或审查不合格的人员上岗施工等，应及时予以劝阻、制止和纠正，当劝阻无效时，可发出现场通知、违规通知，甚至停工指令。

5）参与单元工程、分部分项工程和各项隐蔽工程的检查和验收。

6）对工程的重要部位，监理工程师应组织并亲自参与质量的验收和取样；对重要的原材料、半成品等，监理工程师应自行单独组织试验。

7）组织质量信息的反馈。检查员在现场巡视及检查的情况、所发现的问题和处理的情况，应以日报、周报、值班记录等形式反馈给监理工程师和总监理工程师（监理总工程师），对重大问题和普遍性问题，要以"工程师"函件形式通知承包单位，促其迅速采取措施加以纠正和补救。对于现场检验成果，也应及时反馈到施工生产系统，以便及时调整和改进。

（3）后期的质量监控。

1）对已完成的单位工程、单项工程按质量标准进行验收，组织和参与工程的竣工验收。

2）审核施工单位提供的质量检验报告及有关的技术文件。

3）审批施工单位提交的竣工图纸。

4）组织工程的联动试车或试运行。

3．施工阶段质量监控的程序

水口水电站土建工程采用国际招标方式进行建设，水口工程建设公司为工程建设和监理工程师单位，负责水口水电站建设的全面监理。施工阶段质量监控工作流程图，如图 3-8 所示。

4．施工阶段质量监控的目标

施工阶段质量监控的目标如下：

（1）保证工程项目是按原先确定的"质量保证计划"完成的。

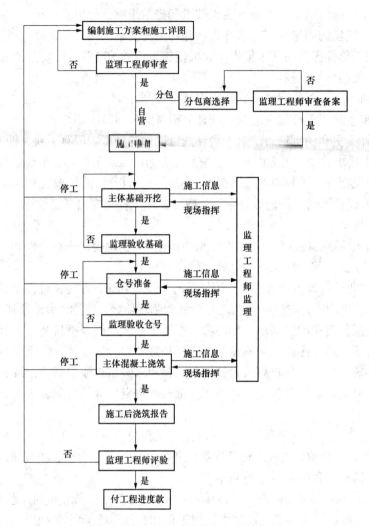

图 3-8　施工阶段质量监控工作流程图

（2）工程质量完全满足设计的要求和合同的规定，质量可靠。

（3）所提供的全部技术文件和质量文件可以满足今后用户对工程项目维修、扩建和改建的要求。

3.4.2　施工阶段质量监控系统

1. 施工阶段质量监控系统的组织

施工阶段的质量监控工作是在项目监理总工程师领导下，由现场监理工程师或质量控制工程师具体进行的，同时根据实际工作的需要，配备适当的监理人员（检查员）。

施工阶段质量监控系统的组织模式有两种：

（1）综合管理的模式。这种模式是目前国际上推荐的模式，也是目前水电工程比较普遍采用的模式。即在监理总工程师下设分项目（如大坝、厂房、引水道、机电安装等），现场（监理）工程师综合负责质量、进度、投资、安全的监理，并配备一些专业工程师如材料、测量、地质工程师，合同、费用控制、进度控制工程师配合工作。综合管理模式如图3-9所示。

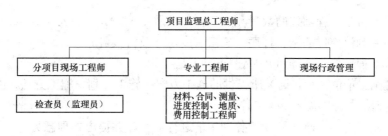

图 3-9　综合管理模式

（2）分项管理模式。这种模式是在项目监理工程师下面设质量控制工程师，专职负责项目的质量、安全控制，再根据项目的规模、技术要求和特点，按单项工程或专业工程（如开挖、混凝土工程等）或按不同的质量分包设立质量监督小组，配备若干质量监督员。此时专业工程师仅包括材料工程、测量工程师和地质工程师，进度、合同和投资则分别由进度控制工程师、合同工程师和投资控制工程师进行控制和管理，并直接由项目监理总工程师领导，分项管理模式如图 3-10 所示。

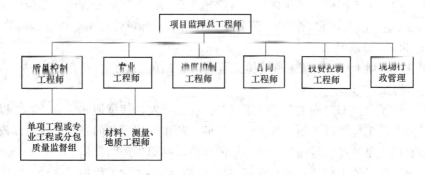

图 3-10　分项管理模式

2. 施工阶段各级监理人员的职责

（1）监理总工程师的职责。

1）代表监理单位对工程进行全面监督和管理。

2）审定、签证、批准施工单位（承包商）的各种申请。

3）审查和签发由业主提供的设计图纸、设计修改通知单及技术规程、技术标准、原始地形资料等。

4）审查和签发对施工单位（承包商）的批示、通知和答复等函件，以及现场指令。

5）签署月进度付款凭证。

6）组织合同变更，处理索赔事宜。

7）主持监理单位和施工单位联席会议，讨论、决定和协调施工中的重大问题。

8）组织编写月、季进度报告。

9）负责同业主、建设单位的联络，处理重大事宜。

（2）现场监理工程师的职责。

1）负责检查和控制工程质量，进行合格签证，组织单项工程、隐蔽工程的验收，参加工程的阶段验收和竣工验收。

2）审查材料和工艺试验成果，进行合格签证。

3）审查月度付款工程部位的数量和质量，并签署意见。

4）审查和控制该部位的施工程序、施工进度，并及时报告。

5）签发该工程部位的现场通知和违规通知。

6）参加对施工单位（承包商）所提供的施工方案（施工计划、施工方法、施工措施）的审查、起草或校核对施工单位（承包商）的函件。

7）组织对施工单位（承包商）的各种申请进行调查，并提出处理意见。

8）审查检查员的值班记录、日报，进行分析汇总，编写分部分项工程周报。

9）指导和管理检查员的工作。

10）负责收集、保管工程项目各项记录资料，并进行整理归档。

11）负责编写单项工程阶段报告，以及季度、年度工作计划和总结。

（3）检查员（监督员）的职责。检查员（监督员）的主要职责是巡视施工现场，发现并纠正违规操作，记录有关工程质量的详细情况，随时向监理工程师汇报。

1）熟悉所分管工程的设计、技术规程和有关的合同文件，能灵活应用到实际工作中去。

2）监督、检查施工单位（承包商）的各种施工活动，掌握所分管的工作面的施工进度、程序、方法、质量、投入设备、材料、劳务等详细情况，并对此做出尽可能详细的记录，编写日报、值班报告。

3）参加分部分项工程、隐蔽工程的检查验收，负责编写有关施工的说明，检查各工序施工准备工作，并进行签证。

4）发现违规现象立即向施工单位（承包商）提出或发出违规通知，要求其予以纠正。

5）及时向监理工程师报告施工单位（承包商）的工作情况和问题，并提出建议和意见。

6）参加对施工单位（承包商）各种申请的调查，并提供证明材料。

7）做好分管项目的工程技术资料收集整理工作，编写单位工程技术总结。

8）与施工单位（承包商）密切联系、相互沟通，做好本职工作。

（4）质量控制工程师的职责。

1）向承包单位和监理单位的人员介绍工程项目的质量监控制度和措施，并负责和保证此制度的实施。

2）负责向有关单位介绍本工程所采用的质量标准和质量监控手段。

3）通过各专业部门的质量监控工作，对施工质量实施监控，同时协调各专业部门之间的质量控制工作。

4）接受有关方面的质量控制申请。

5）组织日常的质量会议和质量汇报工作。

6）建立文件和报告（包括简报）制度。

（5）材料工程师的职责。

1）审核承包单位提交的现场材料、混凝土、砂、土等的试验计划、试验程序和方法。

2）负责对施工现场材料的抽样，并根据设计、技术规范和合同对承包商采购或加工的材料进行鉴定和评价。

3）负责向承包单位解释试验标准和规范。

4）审查、确认承包单位的各项试验成果。

5）协助质量控制工程师控制施工质量，调查和分析质量事故。

（6）测量工程师的职责。

1）掌握施工三角控制网和测量基准点的有关资料，对承包单位布设的施工测站、轴线和辅助轴线的施测精度和施测方法进行审查和复核。

2）审查承包单位的测量方案、主要技术措施、主要设备和限差要求。

3）监督、检查承包单位的施工放样测量，并确认其测量成果。

（7）地质工程师的职责。

1）全面掌握工程各部位的地质情况，及时发现施工中的地质问题，并做出分析判断和提出相应的处理意见。

2）审查承包商提交的不良地质问题的处理措施，并提出意见。

3）监督检查基础施工的质量，控制基础超挖扰动。

4）根据工程的实际需要，提出工程地质补充勘察的建议。

5）参加基础验收和隐蔽工程覆盖前的检查验收工作。

（8）数量审核员（合同工程师）的职责。数量审核员（合同工程师）负责根据质量检验的结果、质量验收和结构尺寸的测定结果，评估合同执行情况，并决定是否予以支付。

3.4.3 施工阶段质量监控的方法

施工阶段监理单位对工程项目施工质量所采取的监控方法，基本上分为 3 类，即审核施工单位（承包商）所提供的有关技术报告和文件；到现场进行检查；检查信息的及时反馈。现场检查又可以根据具体情况采用视觉检查、量测检查和试验检查 3 种方法。施工阶段质量监控方法如图 3-11 所示。

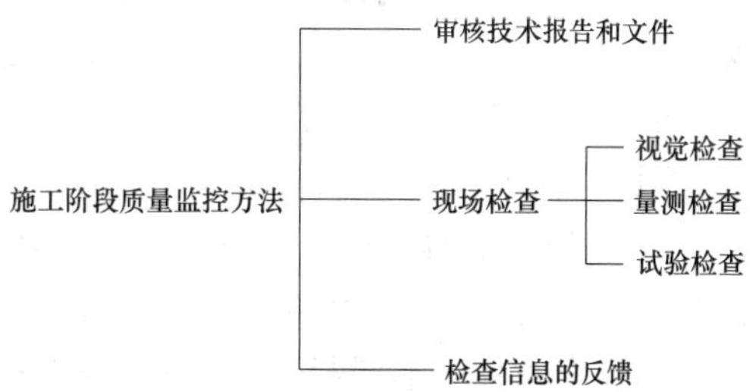

图 3-11 施工阶段质量监控方法

1. 审核技术报告及文件

（1）审核施工单位提出的正式开工报告。监理工程师在接到施工单位的开工申请后，应进行详细审核，并经现场检查核对后，下达开工令。

（2）审核分包单位（分包商）的技术资质证明文件。

（3）审核施工单位提交的施工方案和施工组织设计。施工方案的审查是工程项目开工前质量控制的主要内容和步骤，承包商所采用的施工方法除应使施工进度满足工期的要求外，还应保证工程的施工符合规定的质量标准。监理工程师在审核时，应着重审查施工的安排是否合理，施工机械的配置是否得当，施工方法是否可行，施工外部条件是否具备等方面。

（4）审核施工单位提交的材料、半成品、构配件的质量检验报告，包括出厂合格证和质量保证文件。

（5）审核永久设备的技术性能和质量检验报告。

（6）审查施工单位的质量保证手册，包括对分承包商的质量控制体系和质量控制措施的审查。

（7）审核施工单位提交的反映工程质量动态的统计资料或图表。

（8）审核设计变更和图纸修改文件。

（9）审核有关工程质量事故处理的报告。

（10）审核有关应用新材料、新技术的技术鉴定报告等。

2. 现场检查

监理工程师或其代表在施工阶段进行现场检查的内容包括：

（1）开工前检查。开工前检查是指检查施工单位开工前的各项准备工作完成情况，是否具备开工条件，能否保证工程连续施工和顺利完成。

（2）工序操作质量的巡视检查。有些质量问题是由于施工者操作不符合规程所引起的，这种质量问题有时从表面看好像影响不大，但往往具有潜在危害，所以监理人员必须加强对操作质量的巡视检查，发现违规操作及时纠正。

（3）工序交接检查。工序交接检查是指前一道工序完工后，经检查合格方能进行下一道工序的作业。监理人员在上一道工序作业完成后，在施工班组进行质量自检、互检的基础上，进行工序质量的交接检查。

（4）隐蔽工程在封闭掩盖前的检查。隐蔽工程（或作业）在施工完成后，施工单位（承包商）应首先进行自检，在自检合格，并在封闭或掩盖前向监理工程师提出验收申请，监理工程师在接到申请后，应立即组织测量人员进行复测；组织地质人员进行地质测绘素描；组织测量、地质、设计和现场检查人员进行内部会签，然后再由监理工程师进行现场签证（国内目前是由检验委员会或验收小组进行验收）。未经监理工程师检查、验收、自行封闭或掩盖，则不予以认可，并做违规处理。

（5）工程施工预验。施工预验是指监理人员在施工未进行前所进行的预先检查，以防出现差错，确保工程的质量。如需进行施工预验的项目有：

1）建（构）筑物的位置：检查标准轴线桩、边线桩、水准点。

2）基础开挖：检查轴线、标高、几何尺寸、坡度等。

3）混凝土工程：检查模板尺寸、标高、支撑预埋件；检查钢筋型号、规格、数量、锚固长度、保护层等；检查混凝土配合比、外加剂、养护条件等。

（6）成品保护质量检查。成品保护质量检查是指在施工过程中，某些单元工程或分部工程已完工，而其他单元工程还在继续施工，为保护已完工的成品免受损坏，监理人员应经常对成品保护的质量进行巡视检查，要求施工单位对成品采取"护""盖""封"等保护措施。

（7）停工后复工前的检查。

（8）分部分项工程完工后的检查、验收。

（9）其他质量跟踪检查。

在施工中，监理工程师应派出检查员（现场工程师）在现场进行巡视、值班、临场监督，根据合同和技术规程对工程质量进行检查和监督，对违反合同和技术规程的规定，影响工程质量的施工活动，应及时劝阻或制止，若劝阻碍无效，则可发出现场通知、违规通知，直至停工指令。

现场质量检查的方法如下：

（1）视觉检查。视觉检查包括观察、目测和手摸检查，如地基清理和处理；建（构）筑物的布置及位置；材料的品种、规格和质量；混凝土浇筑面的平整情况（出现麻面、蜂窝、狗洞、露筋情况）；模板安装的稳定性、刚度和强度；模板表面的光洁情况；施工操作是否符合规程等项目的检查。

（2）量测检查。采用测量仪器和工具进行检查，如建（构）筑物的轴线、标高、轮廓尺寸；混凝土拌和物温度；混凝土密实度；填筑坡度、厚度；混凝土面板的厚度、表面不平整度；压力钢管的圆度、周长、管口平面度；平面闸门两侧止水中心线距离、止水橡皮顶面平度、止水橡皮与滚轮或滑道面距离等项目的检查。

（3）试验检查。在现场直接取样或制作试件，由专门的试验室进行试验。如材料的质量、强度，土方工程的填筑含水量和压实干密度，混凝土拌和物的维勃稠度、含气量等项目的检查。

3. 检查信息的反馈

检查员（现场工程师）的巡视、值班、现场监督的检查和处理信息，除应以日报、周报、值班记录等形式作为工作档案外，还应及时反馈给监理工程师和监理总工程师。对于重大问题及普遍发生的问题。还应以函件的方式通知施工单位（承包商）迅速采取措施加以纠正和补救，并保证以后不再发生类似问题。

现场检测的成果也应及时反馈到施工生产系统，以督促承包商及时调整和纠正。

3.4.4 施工过程的质量监控

1. 施工过程中的施工现场质量监控

施工过程的质量控制主要表现为施工现场的质量监控，是施工阶段质量控制的重点，监理工程师应加强施工现场和施工工艺的监督控制，督促施工单位通过认真执行工艺标准及操作规程进行工序质量控制。同时监理工程师还应实行现场检查认证制度，对工程关键部位进行现场观察、中间检查和技术复核，并做好施工记录，认真分析质量数据，对质量不合格的产品和施工工艺及时纠正和处理。

施工现场的质量控制主要由施工单位和监理单位共同保证。现场质量控制的内容包括工艺质量控制和产品质量控制两方面。监理工程对施工现场的质量控制通常是采取动态跟踪控制的方法，即通过工程监理单位的质量监控系统进行现场检查和取样分析，判断施工工序的作业状态和产品的质量，若发现工序作业状态异常，则应查明原因，立即纠正，使工序恢复正常。这种在整个工序作业过程中连续不断进行的质量控制活动，称为动态跟踪控制。

2. 工序质量监控的方法

监理工程师对工序质量的监控，通常采用下列几种方法。

（1）以检查为手段的质量监控。以检查为手段的质量监控是通过质量检查员对工序的质量进行专门检查，也包括对施工班组质量自检的确认。

以检查为手段的质量监控方法包括视觉检查和工具检查。视觉检查包括在现场观察工序的作业情况，用目测和手摸的方法检查工序的质量；工具检查则是用尺、工具和测量仪器检查工序质量的偏差等。这种质量监控的方法比较简单直观，易于执行，但只能对工序效果做出是否合格和最终评价，而不能对工序加以控制；只能发现表面存在的一些问题，对工程内在的问题则不能发现。即使这样，以检查为手段的质量监控方法仍然是质量监控中常用的和重要的方法。

（2）以试验为手段的质量监控。以试验为手段的质量监控包括对工程材料和工程产品的抽样检验、精确试验、定性和定量分析鉴定。这种质量监控的方法比较复杂和费时，常用于隐蔽工程和重要部位的质量控制，是质量控制的另一重要方法。

（3）以工序管理为手段的质量监控。以工序管理为手段的质量监控，是监理工程师通过监控施工单位的质量体系，从器材订货、采购，企业对外委托加工，施工准备到施工全过程的质量监控和通过工序能力的分析研究控制施工工序的质量。其中施工过程的工序质量监控，包括对承包单位班组质量自检、互检、工序交接检查、隐蔽工程验收检查、无损检查及理化试验等内容的确认和复查。这种质量监控方法动员了承包单位管理和操作人员全体参加，可以提高全体人员的质量意识，克服了仅依靠少数专业人员以质量检查为手段的质量监控的弊端，可以有效地保证工程的质量。

监理工程师在质量监控中应将上述方法有机结合起来，以达到有效控制质量的目的。

3. 工序质量监控的内容

工序质量监控的内容包括工序作业条件的监控、工序作业效果的检查、工序完工后的监控3个部分。

工序作业条件的监控是指对工序质量产生影响的施工方法、施工技术、施工手段、施工环境的监控，通常包括施工准备控制、投料控制和工艺过程控制等。其中施工准备控制是指对施工方案和方法的审查、上岗人员技术资质的确认、工序交接检查等内容，它贯穿于整个施工过程之中。投料控制是指施工工序中所用材料、机械、设备等的监控。工艺过程控制是指工序作业中用观察和手摸等方法对工艺质量进行监控。

工序作业效果的检查是指用一定的方法和手段对产品的样本进行检测，以判断工序作业的效果，通常包括采样（选点）、检验、分析、判断（工序质量）、纠正（质量不合格）或认可（质量合格）等步骤。

工序完工后的监控内容，包括工序完工后施工单位根据质量标准对工序质量进行自检，自检合格后填写质量验收通知单。监理工程师在接到验收通知单后，在规定时间内组织现场检查，通过视觉检查和试验室检查对工序质量是否合格做出结论，如果质量不合格，可指令施工单位进行返工修补；若质量合格，则允许进行下一道工序的施工，同时填写质量验收单（一式两份，一份自留，一份交施工单位），作为该道工序质量鉴定的证明材料。

4. 质量控制点的设立

质量控制点的含义是指在一定的工序中某些需要重点控制的施工项目、施工部位和环节。如在建（构）筑物定位时，质量控制点是标准轴线桩、定位轴线和标高。

（1）质量控制点的选择。质量控制点的选择应根据工程项目的特点，结合施工工艺的难易程度，施工单位（承包商）的操作水平，进行全面分析后确定。在一般情况下，选择的原则如下：

1）对工序质量具有重要影响的内容和薄弱环节，如对土石填筑工程土石碾压工序中填筑含水量的控制。

2）施工中质量不稳定或不合格率较高的内容或工序。

3）对下一道工序的施工质量起重要影响的内容或工序。

4）在采用新材料、新工艺的情况下，施工单位（承包商）对施工质量没有把握的内容或工序。对于一个分部分项工程，究竟应该设置多少个质量控制点，应根据施工工艺、施工的难度、建设的标准和施工单位的情况来决定。一般来说，施工工艺复杂时应多设，施工工艺简单时可少设；施工难度较大时应多设，施工难度不大时可少设；建设标准较高时应多设，建设标准不高时可少设；施工单位（承包商）信誉不高时应多设，信誉较高时可少设。

关于质量控制点的设置，应根据工程性质和特点确定，质量控制点的设置位置见表3-2。

表 3-2　　　　　　　　　　　　　　　质量控制点的设置位置

分部分项工程		质量控制点
建（构）筑物定位		标准轴线桩、定位轴线、标高
地基开挖及清理		开挖部位的位置、轮廓尺寸、标高，岩石地基钻爆过程中的孔深、装药量、起爆方式，开挖清理后的建基面，断层、破碎、软弱夹层、岩溶的处理，渗水处理
基础处理	基础灌浆、帷幕灌浆	造孔工艺、孔位、孔深、孔斜，岩芯获得率，洗孔及压水情况，浆液情况，灌浆压力、结束标准、封孔
	基础排水	造孔、洗孔工艺，孔口、孔口设施的安装工艺
	锚桩孔	造孔工艺，锚桩材料的质量、规格、焊接，孔内回填情况
混凝土生产	砂石料生产	毛料的开采、筛分、运输、堆存，砂石料质量（杂质含量、细度模数、超逊径、级配）、含水率，骨料降温措施
	混凝土拌和	原材料的品种、配合比、称量精度，混凝土拌和时间、温度均匀性，拌和物的坍落度，温控措施（骨料预冷、加冰、加冰水），外加剂比例
混凝土的浇筑	建基面清理	基石面的清坦（冲洗和积水处理）
	模板、顶埋件	位置、尺寸、标高、平整性、稳定性、刚度、内部清理情况，顶埋件型号、规格、埋设位置、安装稳定性、保护措施
	钢筋	钢筋品种、规格、尺寸、搭接长度、焊接情况
	浇筑	浇筑层厚度，平仓，振捣，浇筑间歇时间，积水和泌水情况，埋设件的保护，混凝土养护，混凝土表面平整度、麻面、蜂窝、露筋、裂缝，混凝土的密实性、强度
土石料填筑	土石料	土料的黏粒含量、含水量，砾质土的粗粒含量、最大粒径，石料的粒径、级配、坚硬度、抗冻性
	土料填筑	防渗体与岩石面或混凝土面的结合处理，防渗体与砾质土、黏土地基的结合处理，填筑体的位置、轮廓尺寸，铺土厚度，铺填边线，土层接面处理，土料碾压，压实干密度
	石料砌筑	砌筑体位置、轮廓尺寸，石块质量、尺寸，表面顺直度，砌筑工艺，砌体密实度，砂浆配比、强度
	砌石护坡	石块尺寸、强度、抗冻性，砌石厚度，砌筑方法，砌石孔隙率，垫层级配、厚度、孔隙率

（2）质量控制措施的设计。选择了质量控制点以后，就需要对每个质量控制点进行控制措施的设计，其步骤及内容如下：

1）列出质量控制点明细表。

2）设计控制点的施工流程图。

3）应用因果分析方法进行工序分析，找出工序的支配性要素。

4）制定工序质量表，对各支配性要素规定出明确的控制范围和控制要求。

5）编制保证质量的作业指导书。

6）绘制作业网格图，图中标出各控制因素所采用的计量仪器、编号、精度等，以便精确计量。

7）监理工程师参与质量控制点的审核。

（3）质量控制点的实施。质量控制点的实施方法如下：

1）进行控制措施交底。将质量控制点的控制措施向操作班组进行交底，使工人明确操作要点。

2）进行检查验收。监理人员在现场进行重点指导、检查和验收。

3）按作业指导书进行操作。

4）认真记录、检查结果。

5）运用数理统计方法不断分析、改进（实施 PDCA 循环），保证质量控制点验收合格。

5．施工中的技术复核制度

在施工过程中，各项工作是否完全按照合同、技术规程、设计文件、施工图纸、技术规范和操作规程进行，将直接影响工程的质量，因此，监理工程师必须对一些比较重要的、直接影响工程质量的关键性技术内容进行复核、严格把关，以便发现问题及时纠正。在整个施工过程中，监理工程师都应将技术复核工作作为自己的一项经常性任务，贯穿于质量监控工作之中。

（1）技术复核的内容。施工阶段的技术复核工作，就是督促和检查施工单位是否正确地按设计文件、施工图纸、技术交底和技术操作规程进行施工，复核的具体内容可参照表 3-2 所列的质量控制点来确定。

（2）技术复核程序（见图 3-12），分为 4 个步骤。

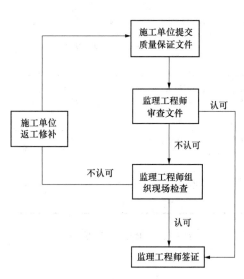

图 3-12　技术复核程序

1）施工单位（承包商）呈交有关质量资料。在某一工序（或某项工程）完工后，施工单位（承包商）应将全部质量保证文件及工程质量的必要说明，以及隐蔽工程记录等质量资料呈交现场监理工程师或质量控制工程师。

2）监理工程师审查质量文件。监理工程师在接到施工单位（承包商）提供的质量保证文件后，应进行详细审查，如认为文件可靠，施工质量没有问题，即可签证认可，并以书面形式通知施工单位（承包商）。如果监理工程师（质量工程师）尚有怀疑，或认为有必要进一步进行现场检查，则可组织复核。

3）监理工程师进行现场检查。监理工程师（质量工程师）对照施工单位（承包商）所提交的检查记录，采取视觉检查、量测检查和试验的办法，进行现场复核。对于工序质量的技术复核，除了检查文字资料之外，监理工程师（质量工程师）还应组织监理单位的质量控制系统，进行下列检查：

a．施工班组之间的交接检查，即一个施工班组在其所承担的一个工序施工结束后，为了能在确保工程质量的前提下，顺利将工程移交给下一工序的班组，监理人员应对照质量标准对该班组的工序质量进行交接复查。

b. 专业施工队之间的交接检查，即一个专业施工队在其所承担的分部分项工程施工结束后，在将要移交给另一施工队继续施工之前，监理人员所进行的交接检查。

c. 专业工程处（局）之间的交接检查，如土建工程处（局）施工完毕，在将要移交给设备安装工程处（局）继续施工之前，所进行的交接检查。

d. 不同承包商之间的交接检查，即一个承包商所承包的施工项目施工完毕，在将要移交给另一承包商继续施工前，所进行的交接检查。

4）监理工程师签证，若所进行的各项检查、复核均已通过，监理工程师则可签字认可；若经检查发现施工与技术交底、施工图纸、技术操作规程不符，监理工程师则可以指令施工单位（承包商）返工修补，并以文字形式通知施工单位（承包商）。

（3）技术复核制度。技术复核制度应作为监理工程师的一项经常性工作任务，纳入监理规划及质量控制计划。

3.5　质量控制的统计分析方法

3.5.1　质量统计数据及其波动

1. 质量统计数据

质量控制工作的一个主要内容就是进行质量定量分析。这就需要大量的质量统计数据，因此质量统计数据是质量控制的基础。质量数据的收集通常有两种方法。一种是随机取样，即质量控制对象各个部分都有相同机会或可能性被抽取；另一种是系统抽样，就是每间隔一定时间连续抽取若干件产品，以代表当时的生产或施工状况。这些质量统计数据在正常生产条件下一般呈正态分布。在质量控制工作中，常用的质量统计数据主要有以下几种。

（1）子样平均值 $\bar{X}$。子样平均值又称为算术平均值，是用来反映质量数据集中的位置。其计算式如下：

$$\bar{X} = \frac{1}{n}\sum_{i=1}^{n} X_i \tag{3-1}$$

式中　$\bar{X}$ ——子样平均值；

　　　X_i ——抽样数据 $(i=1,2,3,\cdots,n)$；

　　　n ——样本容量。

（2）中位数 $\tilde{X}$。将收集到的质量数据按由大到小顺序排列后，处在中间位置的数据称为中位数（或叫中值）。当样本容量 n 为奇数时，取中间一个数为中位数；当 n 为偶数时，则取中间两个数的平均值作为中位数。

（3）极值与极差。在一组质量数据中，按由大到小顺序排列后，处于首位和末位的最大和最小值叫极值，常用 L 表示。首位数和末位数之差叫极差，常用 R 表示。

（4）子样均方差 S（或 σ）和离差系数 C_v。子样均方差反映质量统计数据的分散程度，常用 S（或 σ）表示，其计算式如下：

$$S = \sqrt{\frac{1}{n}\sum_{i=1}^{n}(X_i - \bar{X})^2} \tag{3-2}$$

或

$$S = \sqrt{\frac{1}{n-1}\sum_{i=1}^{n}(X_i - \bar{X})^2} \tag{3-3}$$

当子样数较大时，上两式的计算结果相近；当子样数较小时，则须采用式（3-3）进行计算。

离差系数可以反映质量相对波动的大小，常用 C_v 表示，其计算式如下：

$$C_v = \frac{S}{\bar{X}} \times 100\% \tag{3-4}$$

式中各符号意义同上。

2. 质量波动

如前所述，工程产品质量具有波动性。形成质量波动的原因可归纳为两大类：随机性因素和系统性因素。

随机性因素对产品质量的影响并不很大，但它却是引起工程产品质量波动的经常性因素。如：材料性质的微小差别，工人操作水平的微小变化，机具设备的正常磨损，温度、湿度的微小波动等。在实际施工或生产中这类因素很难消除，有时即便能够消除也很不经济。所以，对质量控制来说，随机因素并不是我们控制的主要对象。

系统性因素对产品质量影响较大，但这类因素并不经常发生。如：材料的性质变化较大或品种规格有误，机械设备发生故障，工人违反操作规程，测试仪表失灵等。这类因素在生产、施工中少量存在，会导致质量特征值的显著变化。因此，这类因素引起的质量波动容易发现和识别，是质量控制的主要对象。

若生产（或施工）过程仅受随机性因素的影响，其大批量产品的质量数据一般具有正态分布规律。此时的生产状态为稳定的生产状态，生产处于受控状态。若生产或施工过程受到系统性因素的影响，则其质量数据就不再呈正态分布，此时的生产或施工处于异常状态，需要立即查明原因并进行改进，使生产或施工从异常状态转入正常状态——稳定状态。这便是质量控制的目标。

3.5.2　质量控制的直方图法

直方图又称频数分布直方图或质量分布图。直方图法是用于整理质量数据，并对质量波动分布状态及其特性值进行推断的图示方法。运用直方图可以判断生产过程是否正常，估计产品质量的优劣和推测工序的不合格情况，并根据质量特性的分布情况进行适当调整，达到质量控制的目的。

1. 直方图的绘制方法

（1）数据的收集与整理。为使随机收集的数据更具有代表性，一般数据收集不少于 50 组。

例如某工地在一段时间内生产的 30MPa 混凝土，为检验其抗压强度共做试块 100 组，经过相同条件养护 28 天，测得其抗压强度，试绘制其抗压强度直方图（混凝土试块强度统计表见表 3-3）。

表 3-3　　　　　　　　　　　混凝土试块强度统计表

序号	质量数据（MPa）										最大值（MPa）	最小值（MPa）
1	32.2	31.5	31.9	30.2	32.5	31.2	32.7	31.8	29.8	32.4	32.7	29.8
2	30.2	32.6	27.8	32.4	31.9	33.3	32.0	32.1	33.8	30.8	33.8	27.8
3	31.0	30.7	32.6	31.8	32.5	30.0	31.5	31.9	34.1	30.6	34.1	30.0

序号	质量数据（MPa）										最大值（MPa）	最小值（MPa）
4	31.3	32.7	32.8	32.3	31.8	33.2	31.2	30.1	34.5	32.4	34.5	30.1
5	31.6	32.9	33.2	29.1	32.4	31.4	32.1	31.8	31.5	32.3	33.2	29.1
6	31.8	31.7	32.9	32.4	31.9	31.6	32.5	32.4	35.5	31.2	35.5	31.2
7	32.4	31.5	33.1	32.1	29.4	33.1	31.9	32.5	31.4	32.1	33.1	29.4
8	32.5	33.2	31.2	31.9	34.2	31.5	29.6	31.5	31.7	31.9	34.2	29.6
9	30.5	33.1	32.8	31.4	31.6	33.2	32.3	31.6	32.1	32.3	33.2	30.5
10	30.9	32.8	33.2	31.7	32.4	33.5	31.6	33.4	31.9	31.5	33.5	30.9

从表 3-3 中最大值栏中选出全体数据中的最大值 $X_{max}=35.5$MPa，从最小值栏中选出最小值 $X_{min}=27.8$MPa，最大值与最小值之差为 7.7MPa，即极差 $R=7.7$MPa。

（2）确定直方图的组数和组距。直方图的组数视数据多少而定，当数据为 50～200 个时可分为 8～12 组；当数据为 200 个以上时可分为 10～20 组；一般情况下常用 10 组。本例设组数 $K=10$ 组，组距用 h 表示，其近似计算公式为：

$$h=\frac{X_{max}-X_{min}}{K} \tag{3-5}$$

用式（3-5）计算出本例 $h=0.8$。

（3）计算并确定组界值。确定组界值时，应注意各组界值相邻区间的数值应是连续的，即前一区间的上界值应等于后一区间的下界值。另外，为避免数据落在区间分界上，一般将区间分界值比数据值提高一级精度。本例第一区间下界值可取最小值减 0.05，即为 27.55，上界值则为其下界值加组距 h 即为 28.55。为保持分组连续，第二区间下界值取为 28.55，上界值取其下界值加组距，即 29.35，以此类推确定其他区间上、下界值。

（4）编制频数分布统计表。根据所确定的组界值进行频数统计并计算频率，编制出的频数分布统计表见表 3-4。

表 3-4　　　　　　　　　　频 数 分 布 统 计 表

序号	分组区间（MPa）	频数（次）	频率
1	27.55～28.55	1	1
2	28.55～29.35	1	1
3	29.35～30.15	5	5
4	30.15～30.95	7	7
5	30.95～31.75	24	24
6	31.75～32.55	38	38
7	32.55～33.35	17	17
8	33.35～34.15	4	4
9	34.15～34.95	2	2
10	34.95～35.75	1	1
累计		100	100

（5）绘制直方图。画直角坐标，横坐标表示质量统计数据分组区间，纵坐标表示各分组区间内质量数据出现的频数。本例的混凝土抗压强度频数分布直方图如图 3-13 所示。

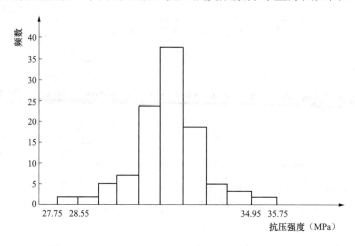

图 3-13　混凝土抗压强度频数分布直方图

2. 频数分布直方图的观察分析

直方图是一种有效的现场分析工具，一般从两方面对直方图进行观察分析。

（1）判断质量数据分布状态。将直方图形状与各种典型直方图比较，大致看出产品质量的分布情况，如果发现质量问题，就可以分析原因，采取有效措施。几种常见的典型直方图如图 3-14 所示。

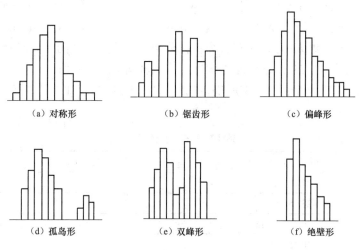

图 3-14　几种常见的典型直方图

在图 3-14 中，图（a）呈对称形，以中间为峰，大体上向左右两边对称分布，一般正常状态下的质量特性呈此分布；图（b）呈锯齿形，产生的原因往往是因为数据分组不当或测量方法、读数不准确所致；图（c）呈偏峰形（又称单侧缓坡形），产生的原因是操作时对另一侧界限控制太严所致；图（d）呈孤岛形，产生的原因一般是由于少数原材料不合格或短时间内操作人员违反操作规程所致；图（e）呈双峰形，造成此形的原因一般是由于收集数据时分类工作做得不够好，使两个不同的分布（如不同的操作者或不同的操作方法）混淆在一起所造成的；图（f）呈绝壁形，产生的原因主要是由于操作者的主观因素（如考虑到返修余地），也有可能是由于收集质量数据时有意不收集废品的质量数据所致。

（2）判断质量保证能力。将直方图的实际数据分布范围 B 与公差界限 T（即质量标准要求的界限）比较，可以看出数据分布是否都在公差范围内，进而判断产品质量的波动情况和掌握工序质量情况。直方图分布范围与标准比较见图3-15。

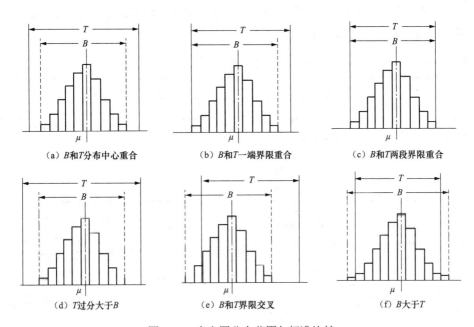

（a）B和T分布中心重合　　　（b）B和T一端界限重合　　　（c）B和T两段界限重合

（d）T过分大于B　　　（e）B和T界限交叉　　　（f）B大于T

图3-15　直方图分布范围与标准比较

图3-15中 μ 表示实际分布的中心值，B 和 T 比较一般可分为两种情况：

1）B 包含在 T 内，实际中可碰到如下几种情况：

a. B 和 T 的分布中心重合，实际尺寸分布两边有一定余地，此为理想的质量保证能力状态，如图3-15（a）所示。

b. 中心稍有偏差，B 和 T 一端界限重合，有超差的可能，必须采取措施纠正偏差，如图3-15（b）所示。

c. B 和 T 两端界重合，质量数据太分散没有任何余地，稍一不慎就会超差，此时应采取对策提高加工或施工质量，减少数据分散，以提高质量保证能力，如图3-15（c）所示。

d. T 过分大于 B，说明质量控制过于严格，质量虽好但却不够经济，此时应适当放松质量控制以提高生产率，降低成本，如图3-15（d）所示。

2）B 不包含在 T 内，有两种情况：

a. B 和 T 的界限交叉，中心过分偏移，产生单边超差出现不合格质量，此时应立即调整，使分布移至中心避免再出现废品，如图3-15（e）所示。

b. B 大于 T，产生双边超差，必然出现废品，这说明质量保证能力不足，应立即采取措施提高质量保证能力，尽快消除系统性误差，不得已时也可放宽质量标准，如图3-15（f）所示。

3.5.3　质量控制的排列图法

排列图是根据"关键的少数和次要的多数"的基本原理，对产品质量的影响因素按影响程度大小主次排列，找出主要因素，采取措施加以解决。此法多用于废品分析。

　　排列图是由一个横坐标，两个纵坐标，n 个直方形和一条折线所组成。横坐标表示影响质量的各个因素，按影响程度大小从左至右排列；左边纵坐标表示影响因素的频数，右边纵坐标表示累计频率；柱状图高度表示因素影响的程度，由各影响因素累积百分数连成的折线称为排列图曲线或巴雷特曲线。下面进行举例说明。

　　例如在某框架结构现浇混凝土柱施工中，经检验发现，现浇混凝土柱超差点数表见表 3-5，试用排列图法分析其主要质量问题。

表 3-5　　　　　　　　　　　　　　　现浇混凝土柱超差点数表

序号	项目	点数（频数）	频率	累计频率
1	轴线位移	80	0.533	0.533
2	柱高	30	0.20	0.733
3	截面尺寸	20	0.133	0.866
4	垂直度	10	0.67	0.933
5	其他	10	0.67	1

　　由表 3-5 可绘制排列图，即现浇混凝土柱质量问题排列图如图 3-16 所示。

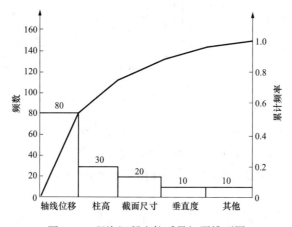

图 3-16　现浇混凝土柱质量问题排列图

　　从图 3-16 中可知，现浇混凝土柱的质量问题主要存在于轴线位移及柱高两方面，若能将这两方面的质量提高，就能解决 73.3% 的质量问题。

　　在分析排列图时，一般将其中的累积频率分为 3 类：0～0.8 为 A 类，是主要影响因素；0.8～0.9 为 B 类，是次要因素；0.9～1 为 C 类，是一般影响因素。

　　做排列图时应注意以下几点：

　　（1）主要因素不能太多，最好一或两个，否则将失去意义。

　　（2）将不太重要的因素合并在"其他"项内，以免横坐标太长。

　　（3）排列图可以连续使用，以求逐步深入寻找原因。

3.5.4　质量控制的管理图法

1. 质量控制管理图的作用和一般形式

质量控制管理图又叫控制图，是美国贝尔研究所哈特博士在 1924 年发明的。所谓控制图就是以上、下控制界线为依据表示生产工序质量变化状态的图形。

前述直方图法和排列图法都是反映产品质量在某一段时间内的静止状态，即静态分析方法。但在实际生产中，工程产品的质量都是在动态的生产过程中形成的，因此，只用静态分析方法是不能保证工程质量始终处于控制状态的，而质量控制管理图能够及时提供施工过程中质量状态的变化情况，及时发现可能出现的质量问题并采取措施，使工程质量始终处于受控状态，此即质量的动态分析方法。利用动态分析法，可使工序质量的控制由事后检查转变为事前预防，防患于未然。因此，管理图作为质量控制的统计分析工具，越来越受到人们的重视，并将会得到日益广泛的应用。

如前所述，质量具有波动性，其原因主要有两种：一是随机因素引起的波动，即正常波动；二是系统性因素引起的波动，即异常波动。利用质量控制管理图可以分析、判断并及时发现引起工程质量异常波动的系统性因素，以便及时采取措施加以控制。

管理图的一般形式如图 3-17 所示。它由一个直角坐标、三条直线和一条折线组成。横坐标表示样本编号，纵坐标表示质量特征值。三条直线中，下线叫控制下界限（LCL），中线叫中心线（CL），上线称为控制上界线（UCL）。在生产、施工或质量管理过程中，要定期抽样，将测得的各样品的质量特征值（均值、极差或不合格品数等）逐个描在图上，连接各点形成条折线，此折线使非常直观地表示了质量的波动情况。

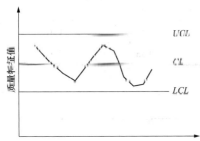

图 3-17 管理图的一般形式

2. 管理图分类

管理图可分为计量值管理图和计数值管理图两大类。计量值管理图用于控制连续型数据，如长度、强度、时间等。计数值管理图还用于控制离散型数据，如不合格品件数、不合格品率等。每一大类又分为若干种。根据不同的控制对象应选用不同的管理图。管理图的分类及用途见表 3-6。

表 3-6 管理图的分类及用途

数据种类	管理图符号	名 称	用 途
计量值数据	X	单值控制图	用于作业时间长，测量费用高，需要长时间才能测出一个数据，或样品数据不便分组的场合
	$\bar{X}-R$	平均值和极差控制图	用于各种计量值，如尺寸、温度计、强度、压力等
	$\tilde{X}-R$	中位数和极差控制图	用于在现场需要把测定的计量数据直接记入控制图进行管理的场合
	$\bar{X}-S$	平均值和偏差控制图	由于计算复杂，只在重要产品和工序中应用
计数值数据	P_n	不合格品个数控制图	用于计量值中不合格品个数的质量控制
	P	不合格品率控制图	用于计量值中不合格品率的质量控制，如废品率等
	U	单位缺陷数控制图	用于单位面积或长度上的缺陷数的控制
	C	缺陷数控制图	用于计数值计点数据的控制，如焊接件裂纹数等

管理图中的控制界限是根据数理统计学原理，采用"三倍标准偏差法"计算确定的，即将中心线定在被控制对象的平均值（包括单值、平均值、极差、中位数等的平均值）上，以

中心线为基准向上、向下各量 3 倍标准偏差，即为控制上限和控制下限。因为控制图是以正态分布为理论依据的，采用三倍标准偏差法，可以在最经济的条件下，实现工序控制，达到质量控制目标。管理图控制界限系数表和管理图界限计算表分别见表 3-7、表 3-8。

表 3-7　　　　　　　　　　　　　管理图控制界限系数表

样本容量 K	$\bar{X}$ 控制图 系数 A_2	R 控制图 系数 D_4	R 控制图 系数 D_3	$\tilde{X}$ 控制图 系数 m_3A_2	X 控制图 系数 E_2
2	1.88	3.27	—	1.88	2.66
3	1.02	2.57	—	1.19	1.77
4	0.73	2.28	—	0.80	1.46
5	0.58	2.11	—	0.69	1.29
6	0.48	2.00	—	0.55	1.18
7	0.42	1.92	0.08	0.51	1.11
8	0.37	1.86	0.14	0.43	1.05
9	0.34	1.82	0.18	0.41	1.01
10	0.31	1.78	0.22	0.36	0.98

注　表中"—"表示不考虑下控制界限。

表 3-8　　　　　　　　　　　　　管理图界限计算表

数据	特性值	控制界限	中心值	备注
计量值	平均值 $\bar{X}$	$\bar{X} \pm A_2\bar{R}$	$\bar{X} = \sum_{i=1}^{K} \bar{X}_i / K$	$\bar{X}$-R 图最常用，判断工序是否异常的效率最高；K 为样本容量
	极差 R	$D_4\bar{R}, D_3\bar{R}$	$\bar{R} = \sum_{i=1}^{k} R_i / K$	
	中位数 $\tilde{X}$	$\tilde{X} \pm m_3A_2\bar{R}$	$\bar{\tilde{X}} = \sum_{i=1}^{K} \tilde{X}_i / K$	
	单值 X	$\bar{X} \pm E_2\bar{R}$	$\bar{X} = \sum_{i=1}^{K} X_i / K$	
计数值	不合格品数 P_n	$\bar{P}_n \pm 3\sqrt{\bar{P}_n(1-\bar{P})}$	$\bar{P}_n = \sum_{i=1}^{K} P_i n_i / K$	当各组数据个数 n_i 相等时，使用 P_n；当各样本 n_i 不等时，使用 P
	不合格品率 P	$\bar{P} \pm 3\sqrt{\bar{P}(1-\bar{P})/n}$	$\bar{P} = \sum_{i=1}^{K} P_i n_i / \sum_{i=1}^{K} n_i$	
	缺陷数 C	$\bar{C} \pm 3\sqrt{\bar{C}}$	$\bar{C} = \sum_{i=1}^{K} C_i / K$	
	单位缺陷数 U	$\bar{U} \pm 3\sqrt{\dfrac{\bar{U}}{n_i}}$	$\bar{U} = \sum_{i=1}^{K} U_i / K$	

3. 管理图的绘制

下面举例说明管理图的应用：

例如为控制某钢筋混凝土构件的产品质量，每天测 5 个混凝土强度数据，连测 10 天，即混凝土构件强度数据表见表 3-9。试绘制钢筋混凝土构件的平均值和极差管理图。

（1）收集数据。为使所收集的数据具有代表性，一般要求收集的数据要具有足够的数量（一般应在 50～100 个以上）。

表 3-9　　　　　　　　　　　　混凝土构件强度数据表

组号	测定日期	X_1（MPa）	X_2（MPa）	X_3（MPa）	X_4（MPa）	X_5（MPa）	$\overline{X}$（MPa）	R（MPa）
1	2015 年 6 月 6 日	32.4	31.5	31.1	32.1	29.4	31.3	3.0
2	2015 年 6 月 7 日	30.8	29.2	30.4	29.8	29.9	30.02	1.6
3	2015 年 6 月 8 日	28.4	29.5	30.7	30.8	28.1	29.5	2.7
4	2015 年 6 月 9 日	29.6	31.9	32.5	31.4	32.1	31.5	2.9
5	2015 年 6 月 10 日	32.5	30.2	31.2	31.9	32.2	31.6	2.3
6	2015 年 6 月 11 日	31.5	30.6	31.3	31.8	29.5	30.94	2.3
7	2015 年 6 月 12 日	29.2	29.8	29.6	30.9	28.2	29.54	2.7
8	2015 年 6 月 13 日	29.8	29.1	28.4	29.5	29.6	29.28	1.4
9	2015 年 6 月 14 日	28.8	30.2	29.8	30.5	30.6	29.98	1.8
10	2015 年 6 月 15 日	31.6	31.8	30.8	29.2	31.8	31.04	2.6
合计							304.7	23.3

（2）计算每一组的平均值 $\overline{X}$ 和极差 R（见表 3-9 后两列）。

（3）计算各组平均值的平均值 $\overline{\overline{X}}$ 和极差平均值 $\overline{R}$。

$$\overline{\overline{X}} = \sum_{i=1}^{10} \overline{X}_i /10 = 30.47$$

$$\overline{R} = \sum_{i=1}^{10} R_i /10 = 2.33$$

（4）计算控制界限。

1）$\overline{X}$ 管理图上限：

$$UCL = \overline{\overline{X}} + A_2\overline{R} = 30.47 + 0.58 \times 2.33 \approx 31.82$$

2）$\overline{X}$ 管理图下限：

$$LCL = \overline{\overline{X}} - A_2\overline{R} = 30.47 - 0.58 \times 2.33 \approx 29.12$$

3）R 管理图上限：

$$UCL = D_4\overline{R} = 2.11 \times 2.33 \approx 4.92$$

（5）绘制管理图。据 $\overline{X}$ 和 R 的上、下界限和表中的特征值点即可绘制平均值、极差管理图见图 3-18。

4. 管理图的观察分析

绘制质量控制管理图主要是为了分析判断生产过程是否处于良好的控制状态。如果发现生产处于非控制状态，就要及时研究解决，以保证生产的工程产品及一般产品的质量。

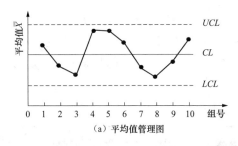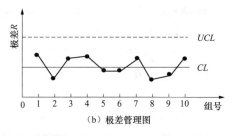

（a）平均值管理图　　　　　　　　　（b）极差管理图

图 3-18　平均值、极差管理图

（1）生产处于控制状态。通过对已绘制的管理图进行观察分析，可以判断其（生产或施工）作业是处于控制状态，还是处于异常状态。通常管理图满足下列两个条件则可说明生产处于控制状态。

1）点子随机排列的，而且排列无缺陷（有缺陷的排列情况可参考后面异常的生产状态）。

2）连续超过 25 个点处于控制界限内，或连续超过 35 个点中只有一个点超出控制界限，或连续 100 个点中只有两个点超出控制界限。

（2）生产处于异常状态。如果点的排列不满足前述两个条件，则认为作业过程发生了异常变化，即处于异常状态。此时必须查找原因，及时排除。所谓点的排列有缺陷，主要包括以下 5 种：

1）连续在中心线一侧超过 7 个点（如图 3-19 所示）。

2）连续上升或下降的点超过 7 个（如图 3-20 所示）。

3）周期性波动的点（如图 3-21 所示）。

4）点的排列接近控制界限（如图 3-22 所示）：如果连续 5 个点中至少有 2 个点或连续 7 个点中至少有 4 个点在 $\pm 1.96\sigma$ 界线和控制界线之间时，则可判定为异常。

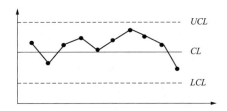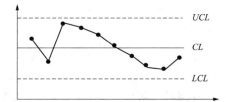

图 3-19　连续在中心线一侧超过 7 个点　　　图 3-20　连续上升或下降的点超过 7 个

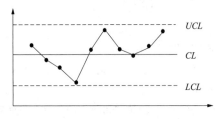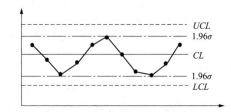

图 3-21　周期性波动的点　　　　　　图 3-22　点的排列接近控制界限

5）对于在中心线一侧多次出现的点，存在连续 11 个点中有 10 个点在同侧；连续 14 个点中有 12 个点在同侧；连续 17 个点中有 14 个点在同侧；连续 20 个点中有 16 个点在同侧的情况。

3.5.5 质量控制的因果分析图法

因果分析图又称鱼刺图或树枝图，是一种用于寻找产生质量问题的主要原因，并分析原因与结果之间关系的图。

因果分析图是由原因和结果两部分组成，结果是具体的质量问题，原因即影响质量的因素，一般有人、机器设备、工艺方法、原材料和环境 5 大原因，每一大原因又可分为中原因、小原因等，因果分析图的一般形式如图 3-23 所示。通过对原因的依次分析，就可找到产生质量问题的直接原因。

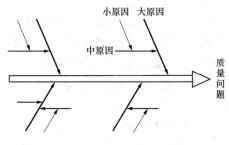

图 3-23 因果分析图的一般形式

图，如图 3-24 所示。

因果分析图的绘制一般分 4 步进行：

（1）根据质量特性结果，画出质量问题主干线。

（2）确定影响质量特性的大原因（大枝），一般有如上所述的人、机、料、法、环 5 个方面。

（3）进一步确定影响质量的中、小原因以至更小原因，画出各中、小细枝。

（4）结合实际生产情况，对重要的原因进行附注说明，并在图上用"#"标出，以引起重视。

按以上步骤绘制的混凝土强度不足的因果分析

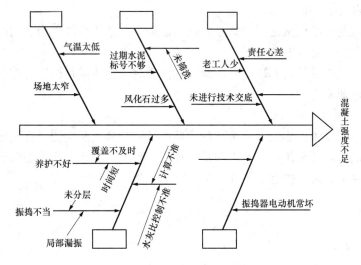

图 3-24 混凝土强度不足的因果分析图

对因果分析图分析的结果：影响混凝土强度不足的主要原因是砂子含泥量大、青工水平低、搅拌机失修和配比不当。针对这 4 种影响因素应采取相应对策并责任到人，以便尽快解决问题，保证混凝土强度这一质量目标的实现。

3.5.6 质量控制的相关图法

相关图又称散布图，是观察和研究两个变量之间相关关系的图。相关关系表明两个变量之间既有相应的从属关系，但又不能用一个函数关系精确地表达出来。在质量监督管理中，可以运用相关图来判断各种因素对产品质量特性有无影响及影响程度的大小。当影响因素和产品质量特性之间相关程度很大时，则应找出它们之间的关系式，以便更好地控制影响产品质量的因素。

影响因素和工程质量之间的相关关系，按表现形式不同可分为线性相关和非线性相关两类。若相关图中点的分布近似地表现为直线形式，则称此相关关系为线性相关；若点的分布近似地表现为各种不同的曲线形式，如抛物线、指数曲线等，此相关关系为非线性相关。此外，相关关系按原因与结果的变化方向不同，可分为正相关和负相关；按相关程度大小的不同可分为强相关、弱相关和不相关。不相关的现象表明了两种可能：一是原来判断失误，二是由于检测数据的方法、手段、工具不完善造成的。在这种情况下，应及时改进相应的检测方法、手段和工具，再进行检测。

相关图由一个纵坐标、一个横坐标及若干散布的点组成。在直角坐标系中，一般以横轴 x 代表相关的原因，在质量监督和管理中则表示为影响因素，以纵轴 y 代表相关结果，在质量监督和管理中则表示为被分析的质量特性。若影响质量特性的因素不止一个，而是若干个，可分别绘制各因素的相关图，并找出影响质量特性的主要因素。制作相关图的数据要取 30 组左右，太少往往不能反映出相关关系，太多工作量又过大。

相关图法也是一种动态分析方法。在工程施工过程中，工程质量的相关关系一般有 3 种类型：

（1）质量特性和影响因素之间的关系，例如混凝土强度与温度之间的关系。

（2）质量特性与质量特性之间的关系，例如混凝土强度与水泥标号之间的关系；钢筋强度与钢筋混凝土强度之间的关系。

（3）影响因素与影响因素之间的关系，例如混凝土容重与抗渗能力之间的关系；沥青的黏结力与沥青的延伸率之间的关系等。

通过对相关关系的分析、判断，可以给人们提供对工程质量目标进行控制的信息。相关图的判断分析方法通常有两种。

1. 对照典型图法

相关图的基本类型见图 3-25。将画出的实际相关图与典型相关图进行比较就可判断两个变量（影响质量的因素或质量特性）之间是否相关、相关的程度和相关类型等。若是线性相关，还可用相关系数 r 来反映两个变量之间的相关程度，其计算式如下：

$$r = \frac{S(XY)}{\sqrt{S(XX)S(YY)}} \tag{3-6}$$

式中　r——相关系数。

$$S(XX) = \sum_{i=1}^{n}(X_i - \overline{X})^2 = \sum_{i=1}^{n}X_i^2 - \frac{\left(\sum_{i=1}^{n}X_i\right)^2}{n} \tag{3-7}$$

$$S(YY) = \sum_{i=1}^{n}(Y_i - \overline{Y})^2 = \sum_{i=1}^{n}Y_i^2 - \frac{\left(\sum_{i=1}^{n}Y_i\right)^2}{n} \tag{3-8}$$

$$S(XY) = \sum_{i=1}^{n}(X_i - \overline{X})(Y_i - \overline{Y}) = \sum_{i=1}^{n}X_iY_i - \frac{\sum_{i=1}^{n}X_i\sum_{i=1}^{n}Y_i}{n} \tag{3-9}$$

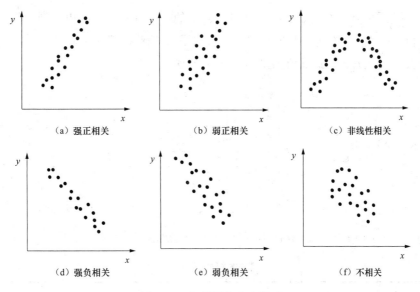

图 3-25　相关图的基本类型

相关系数 r 为-1～1 时，"+"表示正相关，"-"表示负相关，$|r|$ 越大说明相关性越好。计算出两变量的实际相关系数 r 后，可与相关系数审定表（见表 3-10）中所列数据 $r(n)$ 进行比较。一般认为 $r \geq r(n)$ 时，两变量之间有关；$r < r(n)$ 时则认为两变量之间不相关。用审定表得出的结论可靠性可达 95%。

表 3-10　　　　　　　　　相 关 系 数 审 定 表

$n-2$	$r(n)$	$n-2$	$r(n)$
10	0.5760	25	0.3809
11	0.5529	30	0.3494
12	0.5324	35	0.3264
13	0.5139	40	0.3044
14	0.4973	50	0.2732
15	0.4821	60	0.2500
16	0.4683	70	0.2319
17	0.4555	80	0.2172
18	0.4438	90	0.2050
19	0.4329	100	0.1946
20	0.4227	—	—

2. 符号检定法

将某工程抗渗混凝土的容重和抗渗能力之间的相关图（见图 3-26）分成 4 个象限。其中 x' 线与 y' 线分别与 x 轴与 y 轴平行，x' 线与 y' 线将点分成上与下、左与右点数相等的两部分，将 I 象限与 III 象限的点数相加，II 象限与 IV 象限的点数相加，分别得到 $n_{1,3} = n_1 + n_3$，$n_{2,4} = n_2 + n_4$（注意落在线上的点数一律不计，重复的点数按重复次数计）。再计算未落在线上的总点数 $n = n_{1,3} + n_{2,4}$。最后便可通过相关图符号检定表（见表 3-11）中的数据判断两个变量之间的相关关系。检定方法如下：将 $n_{1,3}$ 和 $n_{2,4}$ 中的较小者与表中给出的判定值 n_a 比较，若 $\min\{n_{1,3}, n_{2,4}\} \leqslant n_a$，则认为两个变量在相应显著水平 a 的前提下相关。若 $n_{1,3} > n_{2,4}$ 则说明两个变量正相关，反之 $n_{1,3} < n_{2,4}$ 则说明两个变量负相关。

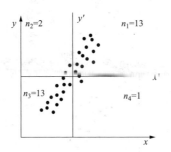

图 3-26 某工程抗渗混凝土的容重和抗渗能力之间的相关图

表 3-11   相关图符号检定表

n	0.01	0.05	0.10	0.25	n	0.01	0.05	0.10	0.25	n	0.01	0.05	0.10	0.25
		a					*a*					*a*		
1					26	6	7	8	9	51	15	18	19	20
2					27	6	7	8	10	52	16	18	19	21
3				0	28	6	8	9	10	53	16	18	20	21
4				0	29	7	8	9	10	54	17	19	20	22
5			0	0	30	7	9	10	11	55	17	19	20	22
6		0	0	1	31	7	9	10	11	56	17	20	21	23
7		0	0	1	32	8	9	10	12	57	18	20	21	23
8	0	0	1	1	33	8	10	11	12	58	18	21	22	24
9	0	1	1	2	34	9	10	11	13	59	19	21	22	24
10	0	1	1	2	35	9	11	12	13	60	19	21	23	25
11	0	1	4	3	36	9	11	12	14	61	20	22	23	25
12	1	2	3	3	37	10	12	13	14	62	20	22	24	25
13	1	2	3	3	38	10	12	13	14	63	20	23	24	26
14	1	2	3	4	39	11	12	13	15	64	21	23	24	26
15	2	3	3	4	40	11	13	14	15	65	21	24	25	27
16	2	3	4	5	41	11	13	14	16	66	22	24	25	27
17	2	4	4	5	42	12	14	15	16	67	22	25	26	28
18	3	4	5	6	43	12	14	15	17	68	22	25	26	28
19	3	4	5	6	44	13	15	16	17	69	23	25	27	29
20	3	5	5	6	45	13	15	16	18	70	23	26	27	29
21	4	5	6	7	46	13	15	16	18	71	24	26	28	30
22	4	5	7	7	47	14	16	17	18	72	24	27	28	30
23	4	6	7	8	48	14	16	17	18	73	25	27	28	31
24	5	6	7	8	49	15	17	18	19	74	25	28	29	31
25	5	7	7	9	50	15	17	18	20	75	25	28	29	32

续表

n	a				n	a				n	a			
	0.01	0.05	0.10	0.25		0.01	0.05	0.10	0.25		0.01	0.05	0.10	0.25
76	26	28	30	33	81	28	31	32	34	86	30	33	34	37
77	26	29	30	32	82	29	31	33	35	87	31	32	35	37
78	27	29	31	33	83	29	31	33	35	88	31	34	35	38
79	27	30	31	33	84	29	32	32	36	89	31	34	36	38
80	28	30	32	34	85	30	32	34	36	90	32	35	36	39

图 3-26 中共有 30 个点，压线点一个，则 $n=30-1=29$（个）。$n_{1,3}=26$，$n_{2,4}=3$。$\min\{n_{1,3}, n_{2,4}\}=3$。查表 3-11 可知，$n=29$，相应显著水平 $a=0.01$ 时，$n_a=7$。因 $n_{2,4}<7$，由此可判定抗渗混凝土的抗渗能力与容重有关。因为 $n_{1,3}>n_{2,4}$，所以二者为正相关，此判断的错判率只有 1%，即可靠性为 99%。

3.5.7 质量控制的分层法和统计分析表法

1. 分层法（又称分类法）

分层法是把搜集的质量数据根据不同的目的，按一定的标志把性质相同的数据各自归类并进行分析的方法。它既是加工整理数据的一种重要方法，又是分析问题的一种基本方法。层次分得越细，所搜集的数据分散性越小，从而使数据反映的事实、原因、责任等暴露得越明显，越便于找出问题、采取措施。分层法还可与其他方法连用，形成分层排列图、分层直方图、分层控制图等，解决质量问题。分层法没有规定的格式，在工程质量控制中，可根据实际情况进行如下分类：

（1）按施工单位或施工班数或操作者进行分类。

（2）按单位工程或分部分项工程进行分类。

（3）按质量问题的性质进行分类。

（4）按材料进行分类（如不同产地、规格、成分等）。

（5）按操作方法进行分类（如不同的操作条件、环境、工艺等）。

（6）按操作手段进行分类（如不同的仪器、仪表等）。

（7）按数据发生的时间进行分类（如不同班次、不同作业时间等）。

（8）按设备进行分类（如不同型号，不同新旧程度的施工设备、工具等）。

（9）按其他方法进行分类。

2. 质量控制的统计分析表法

统计分析表又称统计调查表，是用于数据整理、现场核实和粗略分析影响工程或产品质量原因的各种现行统计表。它同分层法一样，也没有固定的格式。一般情况下可根据统计项目的不同，设计出不同的表格。质量监督和管理中常用的统计分析表有如下几类：

（1）关于产品质量缺陷部位的统计分析表。

（2）关于影响工程产品质量的主要原因的统计分析表。

（3）关于质量检查评定的统计分析表。

（4）关于分部分项工程质量特征的统计分析表。

3.5.8　质量控制的几种新方法

1. 关系图法

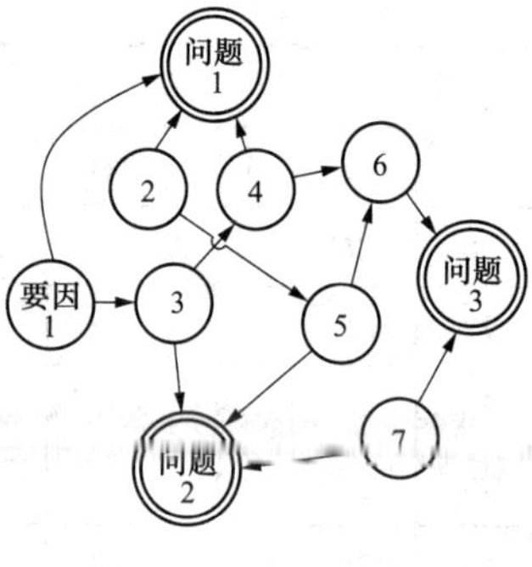

所谓关系图法（见图3-27）也称关联图法，是用箭线表示多种问题与其原因间复杂因果关系的图示方法。这种方法是通过对目的和手段关系比较复杂的问题进行综合分析，明确问题与原因之间的关系，进一步归纳出重点问题并采取相应对策。在运用这种方法时，最好组成分析小组，边分析边做图，从不同的角度把对象分析透彻。为使图面易于识别，在绘制关系图时，"问题"绘双线圈，箭头从手段指向目的，或从原因指向结果，连线可直可曲。

图 3-27　关系图法

2. 系统图法

系统图就是把要研究、解决的对象，按手段及其达到的目的之间的关系系统展开，形成一个表示系统关系的分层展开图，系统示意图如图 3-28 所示。绘制系统图时，首先分析为了实现一项质量目的，需要什么手段？其次把这种手段作为目的来分析，为了实现该项目的又需要采取什么手段？如此逐层展开，直至把实现最后目的（手段）的手段找出为止。

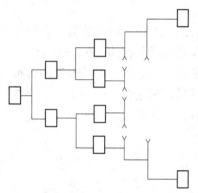

图 3-28　系统示意图

责，何时完成，如何检查。

3. 过程决策程序图法（PDPC）

PDPC 法是一种改善决策质量的方法。例如我们把质量从 M 水平提高到 N 水平，经过分析，有 A 和 B 两项因素要改善。要改善 A 因素，必须提高 A_1、A_2、A_3……一系列因素，可能在提高 A_2 时又必须提高 C 因素，提高 B_3 时又必须提高 D 因素等。把这个提高的过程用图表示出来，这就是过程决策程序示意图（如图3-29 所示）。

做图步骤：第 1 步确定质量提高目标 N；第 2 步召集有关人员讨论，提出提高措施（途径）方案；第 3 步确定具体方案和实施过程；第 4 步以现状为起点，以目标为终点，按确定的实施过程绘制箭线图；第 5 步，决定每一过程由谁负

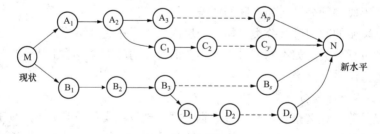

图 3-29　过程决策程序示意图

4. 矩阵图法

矩阵图是将成对的因素排成行与列，在其交叉点处表示其相关程度，并按此线索找出问题的所在及提出解决问题的办法。矩阵图（见图 3-30）可与系统图结合起来应用。当矩阵图表示 3 个因素之间的关系时，可用由 3 个 L 型组成的 Y 型矩阵图表示。应当指出，这里的矩阵图不是真正的数学矩阵，而只是采用了矩阵的形式。

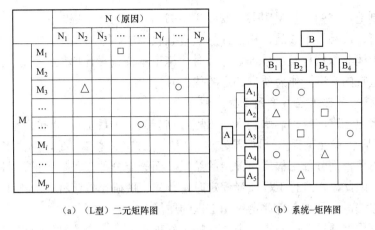

（a）（L型）二元矩阵图　　　　　　　（b）系统-矩阵图

图 3-30　矩阵图

5. 矩阵数据分析法

将矩阵图法中各因素间关系定量表示，然后对此大量数据进行整理和分析，此法便称为矩阵数据分析法。它与矩阵图法类似，不同之处在于矩阵图法是在矩阵图上画符号，矩阵数据分析法则是在矩阵图上填数据，并可进行计算。

6. KJ 法（又称卡片法）

KJ 法是日本的川喜田郎提出的，此法是利用卡片把对未来的、或未曾经历过的问题的各种想法与意见记录下来，进行归纳整理，提出新见解和新认识的一种方法。

7. 矢线图法（又称箭条图法或网格图法）

矢线图法是计划网格技术在质量管理中的具体应用。可用此图来表示质量控制中各工序之间的关系，也可以加注时间以表示质量计划的进度。此法主要用于安排质量计划的时间和进度。

3.6　水电工程项目施工质量的评定

3.6.1　概述

1. 工程质量评定的意义和评定的依据

为了提高水利水电工程的施工质量水平，保证工程质量符合设计和合同条款的规定，同时也是为了衡量施工单位的施工质量水平，全面评价工程的施工质量，对水利水电工程进行评优和创优工作，在工程交工和正式验收前，应按照合同要求和国家有关的工程质量评定标准、规定对工程质量进行评定，鉴定工程是否达到合同要求，能否进行验收，以及作为评奖的依据。工程质量评定的依据如下：

（1）国家和主管部门颁发的水利水电基本建设工程质量等级评定标准。

（2）国家和主管部门颁发的水利水电基本建设工程验收规程。

（3）上级主管部门颁发的施工规程和规范，质量等级标准及有关操作规程。

（4）建设单位和施工单位双方签订的合同中规定的有关施工质量的条款。

（5）工程的设计文件、设计变更与修改文件、设计通知书、图纸等设计文件。

（6）施工组织设计、施工技术措施设计、施工说明书等文件。

（7）设备制造厂家的产品说明书、安装说明书和有关的技术规定。

（8）原材料、成品、半成品、构配件的质量验收标准。

（9）在无上述验收规程及质量评定标准时，施工单位、设计单位、建设（监理）单位可共同商定一个适宜的标准，作为质量评定的依据。

2. 单位工程、分部工程、单元工程的划分

根据水利水电工程的特点，水利水电工程可划分为"项目工程""扩大单位工程""单位工程""分部工程""单元工程"。目前国家对工程质量评定、考核，是以单位工程为统计单位的；评定单位的依据是分部工程质量评定的结果，而评定分部工程质量的依据是单元工程质量评定的结果。因此，在进行工程质量评定时，首先应明确单位工程、分部工程和单元工程的划分原则和方法，而且重点是评定单元工程的质量。

（1）项目工程。项目工程是指一个独立的工程项目，即一个水利水电枢纽工程，如葛洲坝水电枢纽工程、丹江口水电枢纽工程、新安江水电枢纽工程等。

（2）扩大单位工程。扩大单位工程是指由几个单位工程联合发挥同一效益和作用或具有同一性质和用途的工程，如拦河坝工程、泄洪工程、引水工程、发电工程、航运工程、升压变电工程等。

（3）单位工程。单位工程是指具有独立的施工条件或独立作用，并由若干个分部工程所组成的一个工程实体，一般是一座独立的建（构）筑物，或是独立建（构）筑物的一部分，通常按设计来划分，如左岸土石坝、右岸混凝土坝、河床溢流坝、副坝、泄洪洞、引水隧洞、溢洪道、发电厂房等。

对于葛洲坝水电枢纽工程这样一个项目工程，可划分为拦河坝工程、泄洪工程、发电工程、升压变电工程、航运工程5个扩大单位工程。

拦河坝工程又可分为左岸土石坝、三江混凝土非溢流坝、黄草坝（混凝土心墙）和右岸混凝土重力坝4个单位工程；泄洪工程可划分为三江冲沙闸、三江泄水闸和大江冲水闸3个单位工程；发电工程可划分为二江电厂和大江电厂两个单位工程；航运工程可划分为一号船闸、二号船闸、三号船闸、大江防淤堤、三江防淤堤5个单位工程；升压变电工程只有右岸550kV直流开关站一个单位工程。

（4）分部工程。分部工程是指组成单位工程的各组成部分，如非溢流坝段、溢流坝段、厂坝连接段、坝基防渗及排水、防渗心墙或斜墙、防渗铺盖等。

（5）单元工程。单元工程是指由几个工种施工完成的最小综合体，由这些综合体组成一个分部工程。单元工程可根据设计结构、施工部署或质量考核要求划分的层、块、段来确定。例如，对于岩石地基开挖工程，相应的单元工程应按混凝土浇筑仓块来划分，每一块为一个单元工程；两岸边坡地基开挖也可按施工检查验收的区划分，每一验收区为一个单元工程。又如混凝土工程，相应的单元工程应按混凝土仓号划分，每一仓号为一个单元工程；排架柱梁等则按一次检查验收范围划分，若干个柱梁为一个单元工程。

3.6.2　工程项目的质量评定

1. 工程项目的质量评定

单元工程是施工质量日常控制和考核的基础，其质量的评定是以检查项目和检查测点的质量为依据，按国家规定分为合格和优良两级。质量合格是指工程质量符合相应的质量检查标准中规定的合格要求，质量优良是指工程质量在合格的基础上达到质量检验标准中规定的

优良要求。在单元工程的质量评定中，常将进行质量检验的项目分为主要检验项目或保证检验项目、其他（一般、基本）检验项目、允许偏差项目和实测项目。主要检验项目或保证项目是指这些项目的质量对保证单元工程的质量起控制作用，因此，这些项目的质量必须符合评定标准中规定的内容；其他检验项目或允许偏差项目是指这些项目的质量对单元工程的质量并不起控制作用，允许其与质量标准存在一定的偏差，因此要求这些检验项目的质量基本符合评定标准中规定的内容；实测项目是指在质量检验评定标准中规定有允许偏差的检验项目，其中一些项目是对工程外观质量的要求，另一些项目是对工程内在质量的要求，如密度、强度等。

单元工程质量评定的具体标准，可参见《水利水电基本建设工程单元工程质量等级评定标准》。对于质量不合格的单元工程，应返工进行质量补强处理，直到符合设计要求。全部返工的工程可重新评定质量等级，但一律不得评为优良；未经处理的工程，不能评为合格。

单位工程质量评定除了以单元工程的质量为基础进行评定外，尚需最终检验，检验的主要项目包括混凝土坝（主坝）的混凝土强度保证率、离差系数和抗渗、抗冻标号是否符合设计要求；土石坝（主坝）压实干密度不合格样品的数量及其干密度偏离施工规范要求的偏差；水轮发电机组在设计水头工况下能否达到出力；工程投入运行后工作是否正常。满足上述检验条件的工程最终才能评为优质工程。

2. 工程项目的质量等级标准

（1）单元工程的质量等级标准。

1）合格。主要检查项目全部符合质量检验评定标准中合格标准规定的内容，其他检验项目基本符合上述合格标准，或保证项目全部符合标准。实测项目或允许偏差项目的抽检点数，在水工建筑工程中有 70%及以上（有的项目要求有 90%及以上），安装工程中有 90%及以上实测值在允许偏差范围内，其余有微小出入，但基本达到相应检验评定标准的规定。

2）优良。主要检查项目或保证项目必须符合质量检验评定标准中规定的内容，其他检验项目全部合格，其中有 50%及以上符合优良规定；实测项目或允许偏差项目抽样的有 90%及以上实测值在允许偏差范围内，其余基本符合相应检验评定标准的规定。

（2）分部工程的质量等级标准。

1）合格。所有单元工程的质量都合格。

2）优良。所有单元工程的质量都合格，其中 50%及以上符合优良标准。

（3）单位工程的质量等级标准。

1）合格。所有分部工程的质量都合格，保证项目或主要检查项目的技术资料符合相应检验评定标准的规定。

2）优良。分部工程的质量全部合格，其中有 50%及以上符合优良标准。保证项目（或主要项目）技术资料符合相应检验评定标准的规定。

各单元工程或工序施工结束后，在施工单位（施工队）自检合格的基础上，填写施工质量终检合格（开仓）证，报请质量检验部门进行终检，终检合格并由有关人员签字后，再报监理单位，经监理单位组织验收合格后，施工单位才能进行下一工序的施工。如果终检不合格，则应返工，直到合格为止。

3. 工程项目质量评定的组织

（1）单元工程。单元工程的质量检验评定一般由施工单位的专职质检部门组织评定，定期将检查评定结果报建设（监理）单位和质量监督站。对于隐蔽工程和关键部位，施工单位应在自检合格的基础上，报送建设（监理）单位和质量监督站，并由监理工程师组织设计生产（运行管理）单位的代表共同检查评定。监理工程师和质量监督站有权不定期进行现场抽查。

（2）单位工程。单位工程质量检验评定首先是由单位工程技术负责人汇总并提供全部单元工程质量检验评定记录和全部保证项目（或主要项目）技术资料，其次由监理工程师组织有关部门进行评定，最后将评定结果报送主管部门核定。

4. 水利水电工程优良品率的计算方法

水利水电工程优良品率的计算应按顺序逐级进行，即首先确定单元工程的质量等级，再根据单元工程的质量等级确定分部工程和单位工程质量等级及其优良品率。

（1）分部工程。凡分部工程中的单元工程有 50%及以上的质量被评为优良，则该分部工程的质量即评为优良，若不足 50%，则评为合格。分部工程的单元工程优良品率按下式计算：

$$某分部工程的单元工程优良品率=\frac{单元工程优良品个数}{单元工程总个数}×100\% \qquad (3-10)$$

（2）单位工程。凡单位工程的分部工程有 50%及以上的质量被评为优良，而且主要分部工程的质量为优良，则该单位工程即被评为优良；若不足 50%，或主要分部工程的质量只达到合格标准，则评为合格。单位工程的分部工程优良品率按下式计算：

$$某单位工程的分部工程优良品率=\frac{分部工程优良品个数}{分部工程总个数}×100\% \qquad (3-11)$$

（3）项目工程。水利水电工程项目的单位工程优良品率，是指项目工程中被评为优良的单位工程的个数或工程量（主要工程量）与单位工程的个数或工程量的比值，用百分率表示，即

$$\frac{水利水电工程项目的}{单位工程优良品率}=\frac{被评为优良的单位工程个数(或工程量)}{项目工程的单位工程个数(或工程量)}×100\% \qquad (3-12)$$

在式（3-12）中，如按单位工程个数计算，则为数控；如按工程量计算，则为量控。

5. 某时期的优良品率

在施工过程中，为了控制和考核日常的施工质量，可用单元工程的质量评定等级来计算某时期、某单位工程、某大工序（包括分项工程、砂石料生产、混凝土拌和、预制构件制作等）的优良品率，以便将不同时期和不同施工单位的施工质量进行比较，掌握施工动态。

某时期、某单位工程、某大工序的优良品率可按下式计算：

$$优良品率=\frac{相应时间和范围内优良单元工程个数或工程量之和}{考核期间和计算范围内单元工程总数或总工程量}×100\% \qquad (3-13)$$

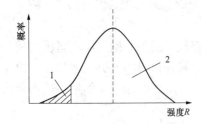

图 3-31　保证率和不合格率的关系

1——不合格率 Q；2——保证率 P

6. 混凝土强度保证率、不合格率和离差系数的计算方法

强度保证率是指在混凝土施工中抽样检验的混凝土强度大于或等于某一标号（如设计标号）强度的概率，不合格率是低于该标号强度的概率，保证率和不合格率的关系如图 3-31 所示。

例如，混凝土的标号强度 R，要求强度保证率 P 为 90%，即表示在平均 100 次试验中要求 90 次的试验强度大于或等于 R，允许有 10 次试验强度小于标号强度，即不合格率为

10%。

（1）混凝土强度保证率 P 的计算。

1）计算样本抗压强度的平均值 R_m（即同一标号混凝土若干组试件抗压强度的算术平均值）：

$$R_m = \frac{\sum_{i=1}^{n} R_i}{n} \tag{3-14}$$

式中　R_i——样本值，即每一组试件的平均极限抗压强度；

　　　n——样本容量，即试件的组数。

2）计算样本均方差值：

$$S = \sqrt{\frac{1}{n-1}\sum_{i=1}^{n}(R_i - R_m)^2} \tag{3-15}$$

3）计算离差系数 C_v：

$$C_v = \frac{S}{R_m} \tag{3-16}$$

4）根据离差系数 C_v 和比值 $\frac{R_{28}}{R_m}$［其中 R_{28} 为设计要求的 28 天龄期的混凝土极限抗压强度，从混凝土强度保证率曲线（见图 3-32）中可查得强度保证率 P］。

（2）离差系数（混凝土均质指标）的计算。

1）计算总体平均值 u（即同一标号混凝土全部试件抗压强度的算术平均值），也可用 R_m 作为 u 的估计值。

2）计算总体均方差 σ（即同一标号混凝土全部试件抗压强度的均方差值），也可用 S 作为 σ 的估计值。

3）计算离差系数 C_v。

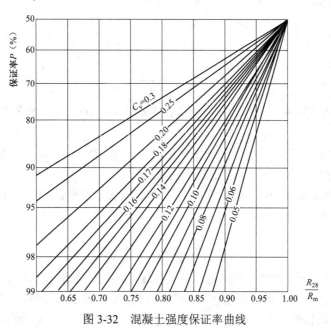

图 3-32　混凝土强度保证率曲线

（3）混凝土配制强度 R_c 的计算。考虑到混凝土施工质量的不均匀性，为了使混凝土强度保证率满足要求，则混凝土的配制强度 R_c 应等于设计标号强度 R_d 乘以系数 K，即

$$R_c = KR_d \tag{3-17}$$

$$K = \frac{1}{1 - tC_v} \tag{3-18}$$

$$t = \frac{R_m - R}{S} \tag{3-19}$$

式中　K——系数；

　　　t——标准正态变量（或称概率度系数）。

关于 C_v，可先根据施工控制情况估计，以后再根据实际情况调整。在一般情况下，混凝土标号为 200（C20）号及以上时，C_v 可取 0.15；混凝土标号在 200 号（C20）以下时，C_v 可取 0.20。若已知 C_v 值和要求的混凝土强度保证率 P，则可得系数 K 值（见表 3-12）。

表 3-12　　　　　　　　　　　　　系　数　K　值

离差系数 C_v	混凝土强度保证率（%）			
	90	85	80	75
0.1	1.15	1.12	1.09	1.08
0.13	1.20	1.15	1.12	1.10
0.15	1.24	1.19	1.16	1.12
0.18	1.30	1.22	1.18	1.14
0.20	1.35	1.26	1.20	1.16
0.25	1.47	1.35	1.27	1.21

（4）混凝土保证强度 R_p。混凝土的保证强度 R_p 可按下式计算：

$$R_p = R + t\sigma \tag{3-20}$$

或

$$R_p = \frac{R}{1 - tC_v} \tag{3-21}$$

式中 t 值可由式（3-19）计算得出，也可根据 t 值与（100%–P）的关系曲线（见图 3-33）中查得。

【例 3-1】　某水电站厂房混凝土设计要求采用 150 号（C15）混凝土，强度保证率为 90%，一般控制水平，取 $C_v = 0.20$，试确定混凝土的保证强度。

解：由于 P=90%，故（100%－P）=（100%－90%）=10%，根据（100%－P）=10%，由图 3-33 查得 t=1.25，因此混凝土的保证强度为

$$R_p = \frac{150}{1 - 1.25 \times 0.20} = 200\text{MPa}$$

【例 3-2】　某混凝土工程质量检验时共取了 125 个混凝土抗压强度数据，每个数据是 3 个混凝土试件的抗压强度平均值，混凝土试块抗压强度表如表 3-13 所示，混凝土的标号强度为 R=20.0MPa，根据这些数据计算抗压强度的平均值 R_m、均方差 S、离差系数 C_v、强度保

证率 P。

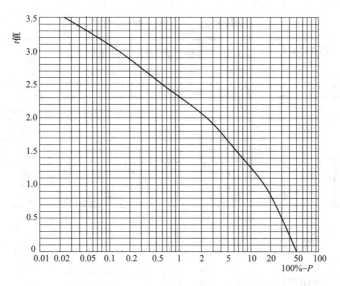

图 3-33 t 值与（100%-P）的关系曲线

表 3-13						混凝土试块抗压强度表						
序号	混凝土试块抗压强度（MPa）											
1	21.0	21.4	24.4	22.7	25.9	24.3	25.8	18.5	17.7	16.9	21.4	26.8	29.8
2	21.8	28.1	25.3	18.9	14.0	19.6	21.4	24.3	17.4	27.6	20.3	24.3	18.5
3	19.9	17.4	23.8	22.7	17.5	25.6	27.2	24.8	20.2	23.7	14.5	18.3	25.6
4	21.6	26.0	21.9	26.8	28.9	16.9	18.4	24.5	31.1	20.5	19.5	24.4	21.4
5	25.3	19.0	24.7	21.9	20.7	25.7	19.9	30.1	27.2	20.3	25.7	16.6	18.4
6	26.6	20.9	24.6	22.9	20.5	20.7	21.4	23.8	24.6	26.6	20.1	19.3	
7	25.4	21.0	25.6	22.0	30.3	24.6	20.7	20.1	17.9	25.6	21.1	26.1	
8	29.6	27.7	26.2	26.4	19.8	30.5	24.5	25.4	25.9	30.0	24.4	21.3	
9	23.7	14.3	20.6	22.0	21.5	26.2	16.5	18.1	19.3	19.9	22.3	32.0	
10	14.0	30.7	18.6	22.4	26.7	29.5	25.3	28.4	23.9	26.4	14.4	27.8	

解：将表 3-13 中所列资料分为 10 组，并分别计算组中值及频数，混凝土抗压强度的频数分布表如表 3-14 所示。

首先，根据频数分布表，将频数较大且其位置在组数中间的一个组中值 X_0 定为坐标原点，即令其 $X=0$，并令 $X'=\dfrac{u-X_0}{h}$，其 h 为组间距。在本例的情况，由表 3-14 中可见，$X_0=22.0$，$h=2.0$，故 $X'_1=\dfrac{14.0-22.0}{2.0}=-4$，$X'_2=\dfrac{16.0-22.0}{2.0}=-3$，其他各个 X'_i 值列于表 3-14 中的第（6）栏中。

然后分别计算值 $f_iX'_i$ 及 $f_iX'^2_i$，即 $f_iX'_i$ 等于表 3-14 中第（5）栏的值与第（6）栏的值乘积。$f_iX'^2_i$ 值等于第（6）栏的值与第（7）栏的值乘积。计算结果分别列于表 3-14 的第（7）、第（8）栏中。将第（7）栏中各值相加得 $\sum f_iX'_i=52$，将第（8）栏中各值相加得 $\sum f_iX'^2_i=562$，将表中第（5）栏的各值相加得 $\sum f_i = 125$。最后计算下列各值：

表 3-14   混凝土抗压强度的频数分布表

组号	强度区间（MPa）	组中值 u（MPa）	频数符号	频数 f_i	$X'_i = (u-X_0)/h$	$f_i X'_i$	$f_i X'^2_i$
(1)	(2)	(3)	(4)	(5)	(6)	(7)=(5)×(6)	(8)=(7)×(6)
1	13.05～15.05	14.0	正	5	−4	−20	80
2	15.05～17.05	16.0	正	4	−3	−12	36
3	17.05～19.05	18.0	正正正	14	−2	−28	56
4	19.05～21.05	20.0	正正正正丁	22	−1	−22	22
5	21.05～23.05	22.0	正正正正	19	0	0	0
6	23.05～25.05	24.0	正正正下	18	1	18	18
7	25.05～27.05	26.0	正正正正正	25	2	50	100
8	27.05～29.05	28.0	正下	8	3	24	72
9	29.05～31.05	30.0	正下	8	4	32	128
10	31.05～33.05	32.0	丁	2	5	10	50
合计				125		52	562

（1）混凝土抗压强度平均值 R_m。

1）计算

$$\frac{\sum f_i X'_i}{\sum f_i} = \frac{52}{125} = 0.416$$

2）计算

$$\frac{\sum f_i X'_i}{\sum f_i} h = 0.416 \times 2.0 = 0.832$$

3）计算混凝土抗压强度的平均值 R_m：

$$R_m = X_0 + \frac{\sum f_i X'_i}{\sum f_i} h = 22.0 + 0.832 = 22.832 (\text{MPa})$$

（2）混凝土抗压强度均方差 S 值。

1）计算

$$\frac{\sum f_i X'^2_i}{\sum f_i} = \frac{562}{125} = 4.496$$

2）计算

$$\left(\frac{\sum f_i X'_i}{\sum f_i} \right)^2 = (0.416)^2 = 0.173$$

3）计算均方差：

$$S = h \sqrt{\frac{\sum f_i X'^2_i}{\sum f_i} - \left(\frac{\sum f_i X'_i}{\sum f_i} \right)^2} = 2.0 \times \sqrt{4.496 - 0.173} = 4.518$$

（3）计算离差系数 C_v 值。

$$C_v = \frac{S}{R_m} = \frac{4.158}{22.832} = 0.182$$

（4）混凝土强度保证率 P。

1）计算概率强度保证系数

$$t = \frac{R_m - R}{S} = \frac{22.832 - 20.20}{4.158} = 0.681$$

2）根据 $t=0.681$ 查图 3-33 得（100%–P）=24%，故强度保证率 $P=100\% - 24\% = 76\%$。

3.6.3 水利水电工程施工质量的评定

某混凝土坝施工质量评定结果如下：

（1）坝段基础开挖高程及轮廓尺寸符合要求。基础浅层及保护层开挖未按规定孔深及装药量进行，施工中受到不同程度的破坏，松动岩石已撬挖清除，对出露的裂缝及风化夹层采取了挖槽并回填混凝土处理，并做好固结灌浆，建基面经处理后合格。

（2）坝块位置、尺寸、浇筑分层及混凝土分阶分区基本符合设计要求；模板、钢筋、止水、伸缩缝、廊道、排水、预埋管道及观测设施等均按设计要求设置。

（3）坝体混凝土采用悬臂钢模施工，拆模后检查外观表面平整、光滑，无明显蜂窝、麻面，机口抽样检验强度与抗渗性能符合设计要求，坝体混凝土机口抽样检验成果见表 3-15。

表 3-15　坝体混凝土机口抽样检验成果

混凝土强度（设计标号 R、抗渗标号 S）	检验者	强度统计参数							抗渗标号	
		组数	平均值 R_m（MPa）	均方差 σ	离差系数 C_v	最大值 R_{max}（MPa）	最小值 R_{min}（MPa）	合格率（%）	组数	合格率（%）
R_{90}、S_4	承包商	27	21.24	2.64	0.12	26.20	16.50	100	7	100
	监理工程师	7	21.83	2.66	0.12	24.52	17.30	100	4	100
R_{90}、S_6	承包商	31	28.23	2.72	0.10	33.90	23.30	100	6	100
	监理工程师	11	26.29	3.49	0.13	32.39	18.81	100	4	100
R_{90}、S_8	承包商	18	32.23	3.61	0.11	38.30	26.70	100	8	100
	监理工程师	9	30.73	2.05	0.07	33.31	26.58	100	6	100

（4）混凝土施工工艺存在以下缺陷。混凝土细骨料采用的河沙粒度偏粗，保水性能差，在浇筑过程中仓面有不同程度的泌水现象，排除不够及时；拌和、平仓、振捣欠均匀，浇筑中常有分离和漏振现象；浇筑速度慢，铺料间歇时间长，仓面大时混凝土表面有时出现初凝。

（5）雨天及高温季节施工防护不好，浇筑后养护较差。

（6）高程 21.5～23.5m 处的浇筑块发现表面裂缝 2 条，主裂缝纵向贯穿该浇筑块，缝宽 1.0mm，距溢流面仅 3.0m，为防止裂缝向上游延伸并贯穿溢流面，应按设计要求进行处理。

（7）2012 年 9 月 8 日，在坝段上游坝块坐标 D_0+17.8m，R_0+251.75m（D_0、R_0 为起始坐标），高程 EL21～23m 处钻孔检查，长 2m 孔段所取出的混凝土芯样不足 30cm，其余均为无胶结的松砂，经压水试验，该段坝体单位吸水率约在 0.03L/（min·m²）左右，高程 EL21m

以下孔段虽然采取率较高，但芯样外观粗糙，多蜂窝、气孔，密实度较差，现已安排补充钻孔和坑探工作，彻底查明隐患分布及范围，进一步分析事故原因，研究及拟定加固处理方案。

（8）质量评定意见。坝段基础开挖经检查验收合格，符合设计和合同要求；已浇筑混凝土基本符合设计要求；已发现的缺陷应按设计要求进行处理；今后应进一步加强现场管理，严格控制质量。

3.7 水电工程施工质量事故及其处理

3.7.1 工程质量的事故特点及分类

1. 工程质量事故的特点

根据我国有关质量、质量管理和质量保证方面的国家标准的定义，凡工程产品质量没有满足某个规定的要求，就称之为质量不合格；而没有满足某个预期的使用要求或合理的期望（包括与安全性有关的要求），则称之为质量缺陷。在建设工程中，通常所称的工程质量缺陷一般是指工程不符合国家或行业现行有关技术标准、设计文件及合同中对质量的要求。

由于工程质量不合格和质量缺陷而造成或引发经济损失、工期延误或危及人的生命和社会正常秩序的事件，称为工程质量事故。

由于影响工程质量的因素众多而且复杂多变，常难免会出现某种质量事故或不同程度的质量缺陷。因此，处理好工程的质量事故，认真分析原因，总结经验教训，改进质量管理与质量保证体系，使工程质量事故减少到最低程度，是质量监理的一个重要内容与任务。监理工程师应当重视工程质量不良可能带来的严重后果，切实加强对质量风险的分析，及早制定对策和措施，重视对质量事故的防范和处理，避免已发事故的进一步恶化和扩大。

工程质量事故具有复杂性、严重性、可变性和多发性的特点。

（1）复杂性。建筑生产与一般工业相比具有产品固定，生产流动；产品多样，结构类型不一；露天作业多，自然条件复杂多变；材料品种、规格多，材质性能各异；多工种、多专业交叉施工，相互干扰大；工艺要求不同，施工方法各异、技术标准不一等特点。因此，影响工程质量的因素繁多，造成质量事故的原因错综复杂，即使是同一类质量事故，而原因却可能多种多样、截然不同的。例如，就墙体开裂质量事故而言，其产生的原因就可能是设计计算有误，结构构造不良，地基不均匀沉陷，或温度应力、地震力、膨胀力、冻张力的作用，也可能是施工质量低劣、偷工减料或材质不良等。所以使得对质量事故进行分析，判断其性质、原因及发展，确定处理方案与措施等都增加了复杂性及困难。

（2）严重性。工程项目一旦出现质量事故，其影响较大。轻者影响施工顺利进行，拖延工期，增加工程费用，重者则会留下隐患成为危险的建筑，影响使用功能或不能使用，更严重的还会引起建（构）筑物的失稳、倒塌，造成人民生命、财产的巨大损失。例如，1995年韩国首尔三峰百货大楼出现倒塌事故造成400余人死亡；我国青海沟口水库于1993年建成不久即发生溃坝，该水库虽为小型水库，又地处偏僻的边远山区，但一次事故却造成270余人死亡。所以对于建筑工程质量事故问题不能掉以轻心，必须高度重视，加强对工程建设的监督管理，防患于未然，力争将事故消灭于萌芽之中，以确保建（构）筑物的安全使用。

（3）可变性。许多建筑工程出现质量问题后，其质量状态并非稳定于发现的初始状态，而是有可能随着时间进程而不断地发展、变化。例如，地基基础或桥墩的超量沉降可能随上部荷载的不断增大而继续发展；混凝土结构出现的裂缝可能随环境温度的变化而变化，或随荷载的变化及持荷时间的变化而变化等。因此，有些在初始阶段并不严重的质量问题，如不能及时处理和纠正，有可能发展成严重的质量事故，例如，开始时微细的裂缝有可能发展或导致结构断裂或倒塌事故；土坝的涓涓渗漏有可能发展为溃坝。所以在分析、处理工程质量事故时，一定要注意质量事故的可变性，应及时采取可靠的措施防止事故进一步恶化；或通过加强观测与试验取得数据，预测未来发展的趋向。

（4）多发性。建筑工程中由于有些质量事故在各项工程中经常发生，而成为多发性的质量通病，例如屋面漏水、卫生间漏水；抹灰层开裂、脱落；预制构件裂缝；悬挑梁板断裂、雨篷坍塌等。因此，应总结经验、吸取教训、分析原因，并采取有效措施。

2. 工程质量事故的分类

建筑工程的质量事故一般可按下述不同的方法进行分类：

（1）按事故的性质及严重程度划分：

1）一般事故。通常是指经济损失在 5000 元至 10 万元额度内的质量事故。

2）重大事故。凡是有下列情况之一者，可列为重大事故：

a. 建（构）筑物或其他主要结构倒塌的为重大事故。

b. 超过规范规定或设计要求的基础严重不均匀沉降、建（构）筑物倾斜、结构开裂或主体结构强度严重不足，影响结构物的寿命，造成不可补救的永久性质量缺陷或事故。

c. 影响建筑设备及其相应系统的使用功能，造成永久性质量缺陷的。

d. 经济损失在 10 万元以上的。

（2）按事故造成的后果划分：

1）未遂事故发现了质量问题，经及时采取措施，未造成经济损失、延误工期或其他不良后果的，均属未遂事故。

2）已遂事故凡出现不符合质量标准或设计要求，造成经济损失、工期延误或其他不良后果的，均构成已遂事故。

（3）按事故责任划分：

1）指导责任事故指由于在工程实施指导或领导失误而造成的质量事故。例如，由于赶工追进度，放松或不按质量标准进行控制和检验，施工时降低质量标准等。

2）操作责任事故指在施工过程中，由于实施操作者不按规程或标准实施操作，而造成的质量事故。例如，浇筑混凝土时随意加水；混凝土拌和料产生了离析现象仍浇筑入模；压实土方含水量及压实遍数未按要求控制操作等。

（4）按质量事故产生的原因划分：

1）技术原因引发的质量事故是指在工程项目实施中由于设计、施工在技术上的失误而造成的质量事故。例如，结构设计计算错误；地质情况估计错误；盲目采用技术上不成熟、实际应用中未得到充分的实践检验其可靠的新技术；采用了不适宜的施工方法或工艺等。

2）管理原因引发的质量事故主要是指由于管理上的不完善或失误而引发的质量事故。例如，施工单位或监理方的质量体系不完善；检验制度不严密；质量控制不严格；质量管理措施落实不力；因检测仪器设备管理不善而失准，进料检验不严等原因引起质量问题。

3）社会、经济原因引发的质量事故主要是指由于社会、经济因素及社会上存在的弊端和不正之风引起建设中的错误行为，而导致出现质量事故。例如，某些企业盲目追求利润而置工程质量于不顾，在建筑市场上杀价投标，中标后则依靠违法手段或修改方案追加工程款，或偷工减料，或层层转包，凡此种种，皆是出现重大工程质量事故的主要原因，应当给以充分的重视。因此，监理工程师进行质量控制，不但要在技术方面、管理方面严格把住质量关，而且还要从思想作风方面严格把住质量关，这是更为艰巨的任务。

此外，从政府对工程建设的质量监督、管理职能来看，重要的是加强法制，从立法的角度上解决。例如，韩国政府在该国出现三峰百货大楼整体倒塌的重大质量事故后，总结、分析了该国三峰及圣水大桥等多次重大质量事故的主要原因，决定从立法上着手，修订了有关的法律、法规，明确规定了对于工程重大质量事故的主要责任人，最高可处以无期徒刑的法律制裁，这是一项重要的举措。

3.7.2　工程质量事故处理的依据和程序

1. 工程质量事故处理的依据

工程质量事故发生后，事故处理主要应解决：搞清原因、落实措施、妥善处理、消除隐患、界定责任方面的问题，其中核心及关键是搞清原因。

工程质量事故发生的原因是多方面的：①技术上的失误。②由于违反建设程序或法律、法规的原因。③设计、施工的原因；④管理方面或材料方面的原因。

引发事故的原因不同，事故责任的界定与承担也不同，事故的处理措施也不同。总之，对于所发生的质量事故，无论是分析原因、界定责任，以及做出处理决定，都需要以切实可靠的客观依据为基础。概括起来，进行工程质量事故处理的主要依据有以下四个方面。

（1）质量事故的实况资料。

（2）具有法律效力且得到有关当事各方认可的工程承包合同、设计委托合同、材料或设备购销合同、监理合同或分包合同等合同文件。

（3）有关的技术文件和档案。

（4）有关的建设法规。

在这四方面依据中，前三种是与特定的工程项目密切相关的具有特定性质的依据。第四种法规性依据是具有很高权威性、约束性、通用性和普遍性的依据，因而它在工程质量事故处理的事务中，也具有极其重要的、不容置疑的作用。

（1）质量事故的实况资料。要搞清质量事故的原因和确定处理对策，首要的是要掌握质量事故的实际情况。有关质量事故实况的资料主要可来自以下几个方面。

1）施工单位的质量事故调查报告。质量事故发生后，施工单位有责任就所发生的质量事故进行周密的调查、研究，掌握情况，并在此基础上写出调查报告，提交监理工程师和业主。在调查报告中，首先应就与质量事故有关的实际情况做详尽的说明，其内容应包括：

a. 质量事故发生的时间、地点。

b. 质量事故状况的描述。例如，发生的事故类型（如混凝土裂缝、砖砌体裂缝）；发生的部位（楼层、部位——梁、板、柱）；分布状态及范围：缺陷程度（裂缝长度、宽度、深度等）。

c. 质量事故发展变化的情况（是否继续扩大其范围、程度，是否已经稳定等）。

d. 有关质量事故的观测记录。

2）监理单位调查研究所获得的第一手资料的内容大致与施工单位调查报告中的有关内容相似，可用来与施工单位所提供的情况对照、核实。

（2）有关合同及合同文件。

1）所涉及的合同文件可以是工程承包合同、设计委托合同、设备与器材购销合同监理合同等。

2）有关合同和合同文件在处理质量事故中的作用是对于在施工过程中有关各方是否按照合同有关条款实施其活动，例如，施工单位是否按在规定时间内通知监理进行隐蔽工程，监理人员是否按规定时间实施检查；施工单位在材料进场时，是否按规定要求进行检验等，借以探寻产生事故的可能原因。此外，有关合同和合同文件还是界定质量责任的重要依据。

（3）有关的技术文件和档案。

1）有关的设计文件，如施工图纸和技术说明等，它是施工的重要依据。在处理质量事故中，其作用一方面是可以对照设计文件，核查施工质量是否完全符合设计的规定和要求；另一方面是可以根据所发生的质量事故情况，核查设计中是否存在问题或缺陷。

2）与施工有关的技术文件、档案、资料。属于这类文件、档案的有：

a．施工组织设计或施工方案、施工计划。

b．施工记录、施工日志等。根据它们可以核对发生质量事故的工程施工时的情况，如施工时的气温、降雨、风、浪等有关的自然条件；施工人员的情况；施工工艺与操作过程的情况，例如预应力张拉过程，地基灌浆过程中的压力、浆液浓度或水灰比、吃浆率的变化情况；吊装构件的起吊方式；使用的材料情况；施工场地、工作面、交通等情况；地质及水文地质情况等。借助这些资料可以追溯和探寻事故的可能原因。

c．有关建筑材料的质量证明资料。例如材料批次、出厂日期、出厂合格证或检验报告、施工单位抽检或试验报告等。

d．现场制备材料的质量证明资料。例如混凝土拌和料的级配、水灰比、坍落度记录；混凝土试块强度试验报告，沥青拌和料配比、出机温度和排铺温度记录等。

e．质量事故发生后，对事故状况的观测记录、试验记录或试验报告等。例如，对地基沉降的观测记录；对建（构）筑物倾斜或变形的观测记录；对地基钻探取样记录与试验报告；对混凝土结构物钻取试样的记录与试验报告等。

f．其他有关资料。

上述各类技术资料对于分析质量事故原因，判断其发展变化趋势，推断事故影响及严重程度，考虑处理措施等都是不可缺少的，起着重要的作用。

2．工程质量事故处理程序

工程质量事故发生后，工程质量事故处理程序图如图 3-34 所示。

（1）当发现工程出现质量缺陷或事故后，监理工程师首先应以“质量通知单”的形式通知施工单位，并要求停止有质量缺陷部位和与其有关联部位及下道工序的施工，需要时，还应要求施工单位采取防护措施。同时，要及时上报主管部门。

（2）施工单位接到质量通知单后，在监理工程师的组织与参与下，尽快进行质量事故的调查，写出调查报告。

调查的主要目的是要明确事故的范围、缺陷程度、性质、影响和原因，为事故的分析处理提供依据。调查应力求全面、准确、客观。

调查报告的内容主要包括：

1）与事故有关的工程情况。

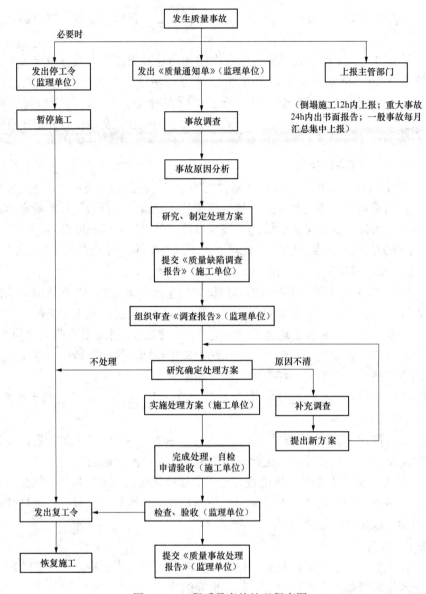

图 3-34　工程质量事故处理程序图

　　2）质量事故的详细情况，诸如质量事故发生的时间、地点、部位、性质、现状及发展变化情况等。

　　3）事故调查中有关的数据、资料。

　　4）质量事故原因分析与判断。

　　5）是否需要采取临时防护措施。

　　6）事故处理及缺陷补救的建议方案与措施。

　　7）事故涉及的有关人员和责任者的情况。

　　事故情况调查是分析事故原因的基础，有些质量事故原因复杂，常涉及勘察、设计、施工、材料、维护管理、工程环境条件等方面，因此，调查必须全面、详细、客观、准确。

　　（3）在事故调查的基础上进行事故原因分析，正确判断事故原因。事故原因分析是确定事故处理方案的基础。正确的处理方式来源于对事故原因的正确判断,只有对调查提供的调查资料、数据进行详细、深入分析后,才能由表及里找出造成事故的真正原因。为此,监理工程师应当组织设计、施工、建设等各方单位参加事故原因分析。

(4)在事故原因分析的基础上,研究制定事故处理方案。事故处理方案的制定应以事故原因分析为基础。如果对某些事故一时认识不清,且事故一时不会恶化,可以继续调查、观测,以便掌握更充分的资料数据,再做进一步分析,找出原因,以便于制定处理方案。切忌急于求成,不能对症下药,采取的处理措施不能达到预期效果,造成事故需反复处理的不良后果。

制定的事故处理方案应体现:安全可靠,不留隐患,满足建(构)筑物的功能和使用要求,技术可行,经济合理等原则。如果一致认为质量缺陷不需专门的处理,必须经过充分分析、论证。

(5)确定处理方案后,由监理工程师指挥施工单位按既定的处理方案实施对质量缺陷的处理。

发生的质量事故不论是否由于施工承包单位方面的责任原因造成的,质量缺陷的处理通常都是由施工承包单位负责。若发生的质量事故不是由于施工单位方面的责任原因造成的,则处理质量缺陷所需的费用或延误的工期,应补偿给施工单位。

(6)在质量缺陷处理完毕后,监理工程师应组织有关人员对处理的结果进行严格地检查、鉴定和验收,写出质量事故处理报告,提交业主或建设单位并上报有关主管部门。质量事故处理报告的内容大体上与质量事故调查报告的内容相近,主要包括:

1)工程质量事故的情况。

2)质量事故的调查与检查情况,包括调查的有关数据、资料。

3)质量事故的原因分析。

4)质量事故处理的依据。

5)质量缺陷的处理方案及技术措施。

6)实施质量处理中的有关原始数据、记录、资料。

7)对处理结果的检查、鉴定和验收。

8)结论意见。

3.7.3 质量事故处理

质量事故处理的目的是消除质量缺陷或隐患,以达到建(构)筑物的安全可靠和正常使用各项功能的要求,并保证施工的正常进行。

1. 质量事故处理所需的资料

处理工程质量事故,必须分析原因,做出正确的处理决策,这就要以充分的、准确的有关资料作为决策基础和依据,一般的质量事故处理必须具备以下资料。

(1)与工程质量事故有关的施工图。

(2)与工程施工有关的资料、记录,例如建筑材料的试验报告,各种中间产品的检验记录和试验报告,(如沥青拌和料温度测量记录、混凝土试块强度试验报告等),以及施工记录等。

(3)事故调查分析报告一般应包括以下内容:

1)质量事故的情况。包括发生质量事故的时间、地点,有关的观测记录,事故的发展变化趋势，事故是否已趋于稳定等。

2）事故性质。应区分是结构性问题，还是一般性问题；是内在的实质性的问题，还是表面性的问题；是否需要及时处理，是否需要采取保护性措施。阐明造成质量事故的主要原因，例如关于混凝土结构裂缝是由于地基的不均匀沉降原因导致的，还是由于温度应力所致，或是由于施工拆模前受到冲击、振动的结果，还是由于结构本身承载力不足等。对此，应附有说服力的资料、数据说明。

3）事故评估。应阐明该质量事故对于建（构）筑物功能、使用要求、结构承受力性能及施工安全有何影响，并应附有实测、验算数据和试验资料。

4）事故、施工以及使用单位对事故处理的意见和要求。

（4）涉及的人员与主要责任者的情况等。

2. 质量事故处理方案的确定

质量事故处理方案应当是在正确地分析和判断事故原因的基础上进行的，这里仅就与确定质量缺陷处理方案有关的问题加以阐述。

（1）可能采用的缺陷处理方案类型。

对于工程质量缺陷，通常可以根据质量缺陷的情况，就以下四类性质的处理方案做出选择和决定：

1）补修处理。这是最常采用的一类处理方案，通常当工程的某些部分的质量虽未达到规定的规范、标准或设计要求，存在一定的缺陷，但经过修补后还可达到要求的标准，又不影响使用功能或外观要求，在此情况下，可以做出进行修补处理的决定。对于修补这类方案的具体方案有很多，诸如封闭保护、复位纠偏、结构补强、表面处理等。例如，某些混凝土结构表面出现蜂窝、麻面，经调查、分析，该部位经修补处理后，不会影响其使用及外观；某些混凝土表面发生裂缝，根据其受力情况，仅做表面封闭保护即可等。

2）返工处理。当工程质量未达到规定的标准或要求，有明显的严重质量问题，对结构的使用和安全有重大影响，而又无法通过修补的办法纠正所出现的缺陷情况时，可以做出返工处理的决定，例如，某防洪堤坝的填筑压实后，其压实土的干容重未达到规定要求的干容重值，核算将影响土体的稳定和抗渗要求，可以进行返工处理，即挖除不合格土，重新填筑，又如某工程预应力按混凝土规定的张力系数为 1.3，但实际仅为 0.8，属于严重的质量缺陷，也无法修补，即需做出返工处理的决定。对于十分严重的质量事故甚至要做出整体拆除的决定。

3）限制使用。当工程质量缺陷按修补方式处理无法保证达到规定的使用和安全要求，且在无法返工处理的情况下，不得已时可以做出诸如结构卸荷或减荷以及限制使用的决定。

4）不做处理。某些工程质量缺陷虽然不符合规定的要求或标准，但如果其情况不严重，对工程或结构的使用及安全影响不大，经过分析、论证和慎重考虑后，也可做出不做专门处理的决定。可以不做处理的情况一般有以下几种

a. 不影响结构安全和使用要求的。例如，有的建（构）筑物出现放线定位偏差，若要纠正则会造成重大经济损失，若其偏差不大，不影响使用要求，在外观上也无明显影响，经分析论证后，可不做处理。又如，某些隐蔽部位的混凝土表面裂缝，经检查分析，属于表面养护不够的干缩微裂，不影响使用及外观，也可不做处理。

b. 有些不严重的质量缺陷，经过后续工序可以弥补的，例如，混凝土的轻微蜂窝麻面或

墙面，可通过后续的抹灰、喷涂或刷白等工序弥补，可以不对该缺陷进行专门处理。

c. 出现的质量缺陷经复核验算，仍能满足设计要求的。例如，某一结构断面做小了，但复核后仍能满足设计的承载能力，可考虑不再处理。这种做法实际上是挖掘设计潜力或降低设计的安全系数，需要慎重处理。

（2）对工程缺陷处理方案进行决策的辅助方法。对质量缺陷处理的决策，是复杂而重要的工作，它直接关系到工程的质量、费用与工期。所以，要做出对缺陷处理的决定，特别是对需要返工或不做处理的决定，应当慎重对待。在对于某些复杂的工程缺陷做出处理决定前，可采取下述方法做进一步论证。

1）试验验证。即对某些有严重质量缺陷的项目，可采取合同规定的常规试验以外的试验方法进行进一步验证，以便确定缺陷的严重程度。例如混凝土构件的试件强度低于要求的标准（例如小于10%）时，可进行加载试验，以证明其是否满足使用要求。又如公路工程的沥青面层厚度误差超过了规范允许的范围，可采用弯沉试验，检查路面的整体强度等。监理工程师可根据对试验验证结果的分析、论证，再研究处理决策。

2）定期观测。有些工程在发现其质量缺陷时，其状态可能尚未达到稳定仍会继续发展，在这种情况下一般不宜过早做出决定，可以对其进行一段时间的观测，然后再根据情况做出决定。属于这类的质量缺陷如桥墩或其他工程的基础在施工期间发生沉降超过预计的或规定的标准；混凝土或高填土发生裂缝，并处于发展状态等。有些有缺陷的工程，短期内其影响可能不十分明显，需要较长时间的观测才能得出结论。对此，监理工程师应与业主及承包商协商，是否可以留到缺陷责任期解决或修改合同，延长缺陷责任期的办法。

3）专家论证。对于某些工程缺陷，可能涉及的技术领域比较广泛，或问题很复杂有时仅根据合同规定难以决策而采用此种办法时，应事先做好充分准备，尽早为专家提供尽可能详尽的实况资料，以便专家进行充分、全面和细致地分析、研究，提出切实的意见与建议。实践证明，采取这种方法，对于监理工程师就重大质量缺陷问题做出恰当的决定十分有益。

3. 质量事故处理的鉴定验收

质量事故的处理是否达到了预期目的，是否仍留有隐患，应当通过检查鉴定和验收得到确认。

事故处理的质量检查鉴定应严格按施工验收规范及有关标准的规定进行，必要时还应通过实际测量、试验和仪表检测等方法获取必要的数据，以便对事故的处理结果做出确切的结论。检查和鉴定的结论可能有以下几种：

（1）事故已排除，可继续施工。

（2）隐患已消除，结构安全有保证。

（3）经修补、处理后，完全能够满足使用要求。

（4）基本上满足使用要求，但使用时应有附加的限制条件，例如限制荷载等。

（5）对耐久性的结论。

（6）对建（构）筑物外观影响的结论等。

（7）对短期难以做出结论的，可提出进一步观测检验的意见。

对于处理后符合规定要求的和能满足使用要求的，监理工程师可予以验收、确认。

4 水电工程施工成本管理与控制

水电工程项目主要包括工期、质量和造价，这三者是一个相互关联的整体，它们之间既存在着矛盾的一面，又存在着统一的一面，如施工期或工期延迟会增加造价费用。另外，提高质量，也会增加造价成本，因此造价在建筑工程建造中最重要。造价也是建设方与施工方在工程结算时纠纷最多的，因此作为施工企业要加强全过程施工成本控制管理。现在施工企业拿工程项目都是低价中标，工程利润很薄，因此施工企业应该把精力全放在通过加强施工阶段全过程造价成本控制管理来降低施工成本，让管理出效益。

4.1 建筑安装工程费用的计算与组成

4.1.1 建筑安装工程费的含义

建筑安装工程费也称建筑安装工程造价或建筑安装工程价格，是建设单位支付给施工单位的全部费用，是建筑安装工程产品作为商品进行交换所需的货币量，也是工程造价的组成部分。

4.1.2 建筑安装工程费用的构成

1. 按费用构成要素划分（定额计价模式）的建筑安装工程费

中华人民共和国住房和城乡建设部、中华人民共和国财政部共同颁发的《建筑安装工程费用项目组成》规定，建筑安装工程费由七个部分组成，即人工费、材料费、施工机具使用费、企业管理费、利润、规费和税金。

定额计价与清单计价于一定时期并存，《建筑安装工程费项目组成》中定义此构成是按费用构成要素划分的，是继原定额计价模式的费用构成而来的，成为地方造价管理部门修订计价依据的法律依据。

2. 按造价形成划分（清单计价模式）的建筑安装工程费

《建筑安装工程费用项目组成》规定，建筑安装工程造价由分部分项工程费、措施项目费、其他项目费、规费和税金五部分组成。

《建筑安装工程费用项目组成》中定义此构成按造价形成要素划分，是继原清单计价模式的费用构成而来的，目前的 GB 50500—2013《建设工程工程量清单计价规范》（以下简称2013 年版《清单计价规范》）。

3. 定额计价模式与清单计价模式在建筑安装工程费方面的关系

从形式上看，《建筑安装工程费用项目组成》将原定额计价的建筑安装工程费的四项构成拆分成可以与清单计价相关联的七项构成，并可以清晰地看到，定额计价是工程量与前三项人、材、机单价形成合价后，再计取管理费、利润、规费和税金。而清单计价是工程量与前五项人、材、机与管理费、利润形成合价后再计取规费和税金。

从内涵上看，定额计价长期以来先计图示工程量造价，施工变动因素造价待结算追加的部分并未放入造价构成中。清单计价则是将施工变动因素造价以其他费用的形式明列在造价构成中。《建筑安装工程费用项目组成》将两者清晰地联系在一起，由此要重新审视"定额计价"构成，它不仅包括了图示部分，还应包括未来施工变动因素追加部分的造价费用构成。

4.1.3 按费用构成要素划分建筑安装工程费用项目组成

由上述内容可知，按费用构成要素划分建筑安装工程费用项目组成，即定额计价下的建筑安装工程费用项目组成。参照《建筑安装工程费用项目组成》，建筑安装工程费按照费用构成要素划分为人工费、材料（包含工程设备）费、施工机具使用费、企业管理费、利润、规费和税金七部分。其中，人工费、材料费、施工机具使用费、企业管理费和利润包含在分部分项工程费、措施项目费、其他项目费中。

1. 人工费

（1）人工费、日工资单价。人工费是指按工资总额构成规定，支付给从事建筑安装工程施工的生产工人和附属生产单位工人的各项费用。人工费的形成要素为日工资单价、工日消耗量、工程量。

1）日工资单价。日工资单价是指施工企业平均技术熟练程度的生产工人在工作日（国家法定工作时间内）按规定从事施工作业应得的日工资总额，计算公式如下：

$$日工资单价 = （生产工人平均月工资 \times 平均月）/年平均每月法定工作日 \qquad (4-1)$$

工程造价管理机构确定日工资单价应通过市场调查、工程项目的技术要求，参考实物工程量人工单价综合分析确定，最低日工资单价不得低于工程所在地人力资源和社会保障部门所发布的最低工资标准的：普工 1.3 倍，一般技工 2 倍，高级技工 3 倍。

2）在人工费基价定额计价中，分部分项工程基本计量单位的人工费称为人工费基价，它是通过日工资单价与所需工日消耗量相乘得到的，如果工种不一致，应分别将所需人工费用相加后计算得到人工费基价，计算公式如下：

$$人工费 = \sum （工程工日消耗量 \times 日工资单价） \qquad (4-2)$$

定额计价中的日工资单价，是计价定额编制时点的日工资单价而不是计价时点的日工资单价。

3）在综合单价中的人工费清单计价中，分部分项工程综合单价中的人工费，是综合得到 1 个清单工程量的工程工日消耗量与日工资单价的乘积，计算公式如下：

$$人工费（综） = \sum [工程工日消耗量（综） \times 日工资单价] \qquad (4-3)$$

式（4-3）中的日工资单价应当是计价时点的权威部门发布的日工资单价的市场信息价，由于 2013 年版《清单计价规范》中规定人工工资风险是按信息价差调整的，所以这里不用再考虑人工工资的涨价风险。

4）分部分项工程人工费与项目人工费。人工费基价与工程量相乘可以得到整个分项工程或整个项目的人工费合价。

$$分部分项工程人工费 = 人工费基价 \times 工程量 \qquad (4-4)$$

$$整个项目的人工费 = \sum （人工费基价 \times 工程量） \qquad (4-5)$$

（2）人工费的构成。人工费的构成包括工人的计时或计价工资、奖金、津贴补贴、加班加点工资、特殊情况下支付的工资（辅助工资）。

1）计时工资或计件工资指按计时工资标准和工作时间或对已做工作按计件单价支付给个人的劳动报酬。

2）奖金指对超额劳动和增收节支支付给个人的劳动报酬。如节约奖、劳动竞赛奖等。

3）津贴补贴指为了补偿职工特殊或额外的劳动消耗和因其他特殊原因支付给个人的津贴，以及为了保证职工工资水平不受物价影响支付给个人的物价补贴。如流动施工津贴、特殊地区施工津贴、高温（寒）作业临时日津贴、高空津贴等。

4）加班加点工资指按规定支付在法定节假日工作的加班工资和在法定日工作时间外延时工作的加点工资。

5）特殊情况下支付的工资指根据国家法律、法规和政策规定，因病、工伤、产假、生育假、婚丧假、事假、探亲假、定期休假、停工学习、执行国家或社会义务等原因按计时工资标准或计时工资标准的一定比例支付的工资。

2. 材料费

（1）材料费与材料预算价格。材料费是指施工过程中耗费的原材料、辅助材料、构配件、零件、半成品或成品、工程设备的费用。材料费的形成要素：材料单价、材料消耗量、工程量。

1）材料单价又称材料预算价格，是材料由其来源地运至工地仓库或现场堆放点，使用材料出库时的价格，其计算公式如下：

$$材料单价=（材料原价+运杂费）×（1+运输损耗率）×（1+采购保管费率）\qquad(4-6)$$

2）材料费基价。定额计价中，分部分项工程基本计量单位的材料费称为材料费基价，它是材料单价与所需各种材料消耗量相乘汇总得到的，计算公式如下：

$$材料费=\sum（材料消耗量×材料单价）\qquad(4-7)$$

3）综合单价中的材料费。清单计价中，分部分项工程综合单价中的材料费，是综合得到 1 个清单工程量的各工程材料消耗量与相应计价时点的材料单价相乘汇总得到，计算公式如下：

$$材料费（综）=\sum [工程材料消耗量（综）×材料单价]\qquad(4-8)$$

式（4-8）中的材料单价不同于定额计价中的材料单价，它应当是计价时点的市场信息价或企业材料报价。2013 年版《清单计价规范》规定了材料涨价风险幅度为 5%，即企业所报材料单价中需考虑施工期间 5%以内的材料涨价风险，只有材料上涨幅度超出 5%的部分方能够按照双方约定的方式进行补偿。

4）工程设备费。工程设备是指构成或计划构成永久工程一部分的机电设备、金属结构设备、仪器装置及其他类似的设备和装置。2013 年版《清单计价规范》将工程设备费归属于材料费的范畴，工程设备费单价及工程设备费的计算公式如下：

$$工程设备单价=（设备原价+运杂费）（1+采购保管费率）\qquad(4-9)$$

$$工程设备费=\sum（工程设备量×工程设备单价）\qquad(4-10)$$

（2）材料费的构成。

1）材料原价指材料、工程设备的出厂价格或商家供应价格。

2）运杂费指材料、工程设备从来源地运至工地仓库或指定堆放地点所发生的全部费用。

3）运输损耗费指材料在运输装卸过程中不可避免的损耗。

4）采购及保管费指在组织采购、供应和保管材料、工程设备的过程中所需要的各项费用，包括采购费、仓储费、工地保管费、仓储损耗。

（3）施工机具使用费。

1）施工机具使用费与机械台班单价。施工机具使用费是指施工作业所发生的施工机械、仪器仪表使用费或其租赁费。施工机具使用费的确定因素有三个：机械台班单价、施工机械台班消耗量、工程量。

a. 机械台班单价。机械台班单价是为使机械正常运转所均摊到一个台班中的台班折旧费、台班大修费等各项费用之和。机械台班单价计算如下式：

$$机械台班单价=台班折旧费+台班大修费+台班经常修理费+台班安拆费及场外运费$$
$$+台班人工费+台班燃料动力费+台班车船税费 \qquad (4-11)$$

租赁施工机械的机械台班单价即为机械台班租赁单价。

b. 机械费基价。定额计价中，分部分项工程基本计量单位的机械台班使用费称为机费基价，也就是施工机具使用费，它是机械台班单价与所需各种机械台班消耗量相乘汇总得到的，计算公式如下式：

$$施工机具使用费=\sum（施工机械台班消耗量×机械台班单价） \qquad (4-12)$$

c. 综合单价中的施工机具使用费。在清单计价中，分部分项工程综合单价中的施工机具使用费，是综合得到 1 个清单工程量的工程机械台班消耗量与机械台班单价相乘汇总得到的，计算公式如下：

$$施工机具使用费（综）=\sum（施工机械台班消耗量×机械台班单价） \qquad (4-13)$$

其中的机械台班单价应当是计价时点的权威部门发布的机械台班市场信息单价，如果没有发布，可以根据市场价格确定。2013 年版《清单计价规范》中规定施工机具使用费风险幅度为 10%，超出 10%以外的价差部分根据双方合同约定办法调整。

d. 仪器仪表使用费的计算公式如下：

$$仪器仪表使用费=工程使用的仪器仪表摊销费+维修费 \qquad (4-14)$$

2）施工机具使用费的构成。施工机械台班单价构成情况如下：

a. 折旧费。折旧费指施工机械在规定的使用年限内，陆续收回其原值的费用。

b. 大修理费。大修理费指施工机械按规定的大修理间隔台班进行必要的大修理，以恢复其正常功能所需的费用。

c. 经常修理费。经常修理费指施工机械除大修理以外的各级保养和临时故障排除所需的费用，包括保障机械正常运转所需替换设备与随机配备工具附具的摊销和维护费用，机械运转中日常保养所需润滑与擦拭的材料费用及机械停滞期间的维护和保养费用等。

d. 安拆费及场外运费。安拆费指施工机械（大型机械除外）在现场进行安装与拆卸所需的人工、材料、机械和试运转费用，以及机械辅助设施的折旧、搭设、拆除费用等。场外运费指施工机械整体或分体自停放地点运至施工现场或由一施工地点运至另一施工地点的运输、装卸、辅助材料及架线费用等。

e. 人工费。人工费指机上司机（司炉）和其他操作人员的人工费。

f. 燃料动力费。燃料动力费指施工机械在运转作业中所消耗的各种燃料及水、电费用等。

g. 税费。税费指施工机械按照国家规定应缴纳的车船使用税、保险费及年检费等。

h. 仪器、仪表使用费。仪器、仪表使用费是由该项工程施工所需仪器、仪表的摊销及维修费用。

（4）企业管理费。

1）企业管理费与企业管理费费率。企业管理费是指建筑安装企业组织施工生产和经营管理所需的费用。企业管理费的确定依据为企业管理费费率、计算方法与计算基础。企业管理费的计算根据人、材、机的成分分为三种计算情况，相应的企业管理费费率也分为三种，测算公式介绍如下。

a．以分部分项工程费为计算基础：

企业管理费费率＝[生产工人年平均管理费/（年有效施工天数×人工单价）]

$$×人工费占分部分项工程费比例 \tag{4-15}$$

b．以人工费和机械费合计为计算基础：

企业管理费费率＝生产工人年平均管理费/[年有效天数

$$×（人工单价+每一工日机械使用费）] \tag{4-16}$$

c．以人工费为计算基础：

$$企业管理费费率＝生产工人年平均管理费/（年有效施工天数×人工单价） \tag{4-17}$$

上述计算公式适用于施工企业投标报价时自主确定管理费，是工程造价管理机构编制计价定额确定企业管理费的参考依据。

2）企业管理费的构成。

a．管理人员工资是指按规定支付给管理人员的计时工资、奖金、津贴补贴、加班加点工资及特殊情况下支付的工资等。

b．办公费是指企业管理办公用的文具、纸张、账表、印刷、邮电、书报、办公软件、现场监控、会议、水、电、集体取暖与降温（包括现场临时宿舍取暖、降温）等费用。

c．差旅交通费是指职工因公出差、调动工作的差旅费，住勤补助费，市内交通费和误餐补助费，职工探亲路费，劳动力招募费，职工退休、退职一次性路费，工伤人员就医路费，工地转移费及管理部门使用的交通工具的油料、燃料等费用。

d．固定资产使用费是指管理和试验部门及附属生产单位使用的属于固定资产的房屋、设备、仪器等的折旧、大修、维修或租赁费。

e．工具用具使用费是指企业施工生产和管理使用的不属于固定资产的工具、器具、家具、交通工具和检验、试验、测绘、消防用具等的购置、维修和摊销费。

f．劳动保险和职工福利费是指由企业支付的职工退职金，按规定支付给离休干部的经费，集体福利费，夏季防暑降温、冬季取暖补贴，上下班交通补贴等。

g．劳动保护费是指企业按规定发放劳动保护用品的支出。如工作服、手套、防暑降温饮料，以及在有碍身体健康的环境中施工的保健费用等。

h．检验试验费是指施工企业按照有关标准规定，对建筑以及材料、构件和建筑安装物进行一般鉴定、检查所发生的费用，包括自设试验室进行试验所耗用的材料费用等。

i．工会经费是指企业按《中华人民共和国工会法》规定的全部职工工资总额比例计提的工会经费。

j．职工教育经费是指按职工工资总额的规定比例计提，企业为职工进行专业技术和对职工进行各类文化教育所发生的费用。

k．财产保险费是指施工管理用财产、车辆等的保险费用。

l．财务费是指企业为施工生产筹集资金或提供预付款担保、履约担保、职工工资支付担保等所发生的各种费用。

m．税金是指企业按规定缴纳的房产税、车船使用税、土地使用税、印花税等。

n．其他费用包括技术转让费、技术开发费、投标费、业务招待费、公证费、法律顾问费、审计费、咨询费、保险费等。

（5）利润、规费和税金。

1）利润。利润是指施工企业完成所承包工程获得的盈利。施工企业根据企业自身需求并结合建筑市场实际自主确定，列入报价中。工程造价管理机构在确定计价定额中利润时，应以定额人工费或定额人工费与定额机械费之和作为计算基数，其费率根据历年工程造价积累的资料，并结合建筑市场实际确定，以单位（单项）工程测算，利润在税前建筑安装工程费的比重可按不低于 5%且不高于 7%的费率计算。利润应列入分部分项工程和措施项目中。

2）规费。规费是指按国家法律、法规规定，由省级政府和省级有关权力部门规定的必须缴纳或计取的费用，包括社会保险费、住房公积金等。

a．社会保险费包括以下内容：

（a）养老保险费是指企业按照规定标准为职工缴纳的基本养老保险费。

（b）失业保险费是指企业按照规定标准为职工缴纳的失业保险费。

（c）医疗保险费是指企业按照规定标准为职工缴纳的基本医疗保险费。

（d）生育保险费是指企业按照规定标准为职工缴纳的生育保险费。

（e）工伤保险费是指企业按照规定标准为职工缴纳的工伤保险费。

b．住房公积金是指企业按规定标准为职工缴纳的住房公积金。社会保险费和住房公积金应以定额人工费为计算基础，根据工程所在地（省、自治区、直辖市）或行业建设主管部门规定的费率计算。

c．工程排污费是指按规定缴纳的施工现场工程排污费。

d．其他应列而未列入的规费，按实际发生计取。

3）税金。税金是指国家税法规定的应计入建筑安装工程造价内的营业税、城市维护建设税、教育费附加及地方教育费附加。税金的计算公式如下：

$$税金=税前造价×综合税率 \tag{4-18}$$

4.1.4　按造价形成划分建筑安装工程费用项目

建筑安装工程费按照工程造价形成由分部分项工程费、措施项目费、其他项目费、规费和税金组成，分部分项工程费、措施项目费、其他项目费包含人工费、材料使用费、企业管理费和利润。

1．分部分项工程费

（1）分部分项工程费的含义。分部分项工程费是指各专业工程的分部分项工程应支付的各项费用。

（2）分部分项工程费的构成。分部分项工程费包括人工费、材料费、施工机具使用费、企业管理费等。

2．措施项目费

（1）措施项目费的含义。措施项目费是指实际施工中必须发生的施工准备和施工过程中技术、生活、安全、环境保护等方面的工程非实体性项目的费用。

非实体性项目是指费用的发生和金额的大小与使用时间、施工方法或者两个以上工序相关，并不形成最终的实体工程，如大型机械设备进出场以及安拆、文明施工和安全防护、临时设施等。

（2）措施项目费的种类。按《建筑安装工程费用项目组成》，措施项目费包括以下几项费用。

1）安全文明施工费包括以下内容：

a．环境保护费是指施工现场为达到环保部门要求所需要的各项费用。

b．文明施工费是指施工现场文明施工所需要的各项费用。

c．安全施工费是指施工现场安全施工所需要的各项费用。

d．临时设施费是措施工企业为进行建设工程施工所必须搭设的生活和生产用的临时建（构）筑物和其他临时设施费用，包括临时设施的搭设、维修、拆除、清理或摊销等费用。

2）夜间施工增加费是指因夜间施工所发生的夜班补助、夜间施工降效、夜间施工照明设备摊销及照明用电等费用。

3）二次搬运费是指因施工场地条件限制而发生的材料、构配件、半成品等一次运输不能到达堆放地点，必须进行二次或多次搬运所发生的费用。

4）冬雨期施工增加费是指在冬期或雨期施工需增加的临时设施、防滑、排除雨雪，以及人工及施工机械效率降低等所产生的额外费用。

5）已完工程及设备保护费是指竣工验收前，对已完工程及设备采取的必要保护措施所发生的费用。

6）工程定位复测费是指工程施工过程中进行全部施工测量放线和复测工作的费用。

7）特殊地区施工增加费是指工程在沙漠或其边缘地区、高海拔、高寒、原始森林等特殊地区施工而增加的费用。

8）大型机械设备进出场及安拆费是指机械整体或分体自停放场地运至施工现场或由一个施工地点运至另一个施工地点所发生的机械进出场运输、转移费用，以及机械在施工现场进行安装、拆卸所需的人工费、材料费、机械费、试运转费和安装所需的辅助设施费用。

9）脚手架工程费是指施工需要的各种脚手架搭拆、运输费用，以及脚手架购置的摊销（或租赁）费用。

（3）其他项目费、规费与税金。其他项目费指除分部分项工程费、措施项目费所包含的内容以外，由招标人承担的与建设工程有关的其他费用，包括暂列金额、暂估价（包括材料暂估价和专业工程暂估价）、计日工和总承包服务费等。

1）暂列金额是指建设单位在工程量清单中暂定并包括在工程合同价款中的一笔款项。用于施工合同签订时尚未确定或者不可预见的所需材料、工程设备、服务的采购，施工中可能发生的工程变更、合同约定，调整因素出现时的工程价款调整，以及发生的索赔、现场签证确认等的费用。

2）暂估价包括材料暂估单价、工程设备暂估单价、专业工程暂估价。暂估价中的材料、工程设备暂估单价应根据工程造价信息或参照市场价格估算。专业工程暂估价应分不同专业，按有关计价规定估算。

3）计日工是指在施工过程中，施工企业完成建设单位提出的施工图以外的零星项目或工作所需的费用。

4）总承包服务费是指总承包人为配合、协调建设单位进行的专业工程发包，对建设单位自行采购的材料、工程设备等进行保管，以及施工现场管理、竣工资料汇总整理等服务所需的费用。

4.2　施工成本管理的任务

4.2.1　施工成本管理概述

施工成本管理从工程投标报价开始，直至项目竣工结算完成为止，贯穿于项目实施的全过程，并在施工中对人工费、材料费、施工机械使用费、工程分包费进行控制。施工成本管理就是在保证工期和质量满足要求的前提下，采取相应管理措施，包括组织措施、经济措施、技术措施、合同措施把成本控制在计划范围内，并进一步寻求最大程度的成本节约。

施工成本的有效控制是基于企业的高效管理与合理的组织架构搭配，提高沟通效率，使决策处理更快了，施工效率提高了，企业利润增加了。建筑行业发展自身最重要的就是提高企业的核心竞争力。从工程投标报价开始，直至项目竣工结算完成为止，将核心竞争力贯穿于项目实施的全过程。在施工中对人工费、材料费、施工机械使用费，以及工程分包费用进行控制。施工成本控制就是要在保证工期和质量的前提下，采取相应管理措施，包括组织措施、经济措施、技术措施、合同措施把成本控制在计划范围内，并进一步寻求最大程度的成本节约。

4.2.2　施工成本管理的任务

施工成本管理是指通过控制手段，在达到建（构）筑物预定功能和工期要求的前提下优化成本开支，将施工总成本控制在施工合同或设计规定的预算范围内。成本控制是通过成本计划、成本监督、成本跟踪、成本诊断等措施来实现。

1. 施工成本预测

（1）在工程施工前对成本进行估算。

（2）施工成本预测是施工项目成本决策与计划的依据。

2. 施工成本计划

（1）施工成本计划概述。以货币形式编制施工项目在计划期内的生产费用、成本水平、成本降低率以及为降低成本所采取的主要措施和规划的书面方案。

施工成本计划是建立施工项目成本管理责任制，开展成本控制和核算的基础；是项目降低成本的指导文件；是设立目标成本的依据；是目标成本的一种形式。

（2）施工成本计划编制的原则。

1）从实际情况出发。

2）与其他计划相结合。

3）采用先进技术经济定额。

4）统一领导、分级管理。

5）适度弹性。

（3）施工成本计划方法。施工成本计划的指标可以通过对比、因素分析等方法来进行测定。

1）成本计划的数量指标。如按子项汇总的工程项目计划总成本指标，按分部汇总的各单位工程（或子项目）计划成本指标，按人工、材料、机械等各主要生产要素划分的计划成本指标。

2）成本计划的质量指标。如设计预算成本计划降低率、责任目标成本计划降低率计算公式分别见式（4-19）、式（4-20）。

$$设计预算成本计划降低率=设计预算总成本计划降低额/设计预算总成本 \quad (4\text{-}19)$$
$$责任目标成本计划降低率=责任目标总成本计划降低额/责任目标总成本 \quad (4\text{-}20)$$

3）成本计划的效益指标。设计预算成本计划降低额、责任目标成本计划降低额计算公式分别见式（4-21）、式（4-22）。

$$设计预算成本计划降低额=设计预算总成本–计划总成本 \quad (4\text{-}21)$$
$$责任目标成本计划降低额=责任目标总成本–计划总成木 \quad (4\text{-}22)$$

（4）总结。成本计划应在项目实施方案确定和不断优化的前提下进行编制；成本计划的编制是施工成本预控的重要手段，应在工程开工前编制完成。

3．施工成本控制

建设工程项目施工成本控制应贯穿于项目从投标阶段开始直至保证金返还的全过程，它是企业全面成本管理的重要环节。施工成本控制可分为事先控制、事中控制（过程控制）和事后控制。

合同文件和成本计划规定了成本控制的目标，进度报告、工程变更与索赔资料是成本控制过程中的动态资料。

4．施工成本核算

（1）施工成本核算包括两个基本环节。

1）按照规定的成本开支范围对施工费用进行归集和分配，计算出施工费用的实际发生额。

2）根据成本核算对象，采用适当的方法计算出该施工项目的总成本和单位成本。

（2）施工项目成本核算的意义。

1）施工成本核算所提供的各种成本信息，是成本预测、成本计划、成本控制、成本分析和成本考核等各个环节的依据。

2）形象进度、产值统计、实际成本归集三同步，即三者的取值范围应是一致的。

3）对竣工工程的成本核算，应区分为竣工工程现场成本和竣工工程完全成本，应分别由项目经理部和企业财务部门进行核算分析。

4）施工成本核算制是明确施工成本核算的原则、范围、程序、方法、内容、责任及要求的制度。

5．施工成本分析

（1）施工成本分析概述。

施工成本分析是在施工成本核算的基础上，对成本的形成过程和影响成本升降的因素进行分析，以寻求进一步降低成本的途径，包括有利偏差的挖掘和不利偏差的纠正。

（2）施工成本分析的意义。

1）施工成本分析贯穿于施工成本管理的全过程。

2）对于成本偏差的控制，分析是关键，纠偏是核心。

3）成本偏差分为局部成本偏差和累计成本偏差。局部成本偏差包括项目的月度（或周、天等）核算成本偏差，按专业核算成本偏差以及按分部分项作业核算成本偏差等。累计成本偏差是指已完工程在某一时间点上实际总成本与相应的计划总成本的差异。

4）分析产生成本偏差的原因，应采取定性和定量相结合的方法。

6．施工成本考核

（1）施工成本考核概述。将成本的实际指标与计划、定额、预算进行对比和考核。

（2）施工成本考核的意义。

1）成本考核可以分别考核公司层和项目管理部。

2）成本考核是实现成本目标责任制的保证和实现决策目标的重要手段。

4.3 合同价款的确定与工程结算

4.3.1 合同价款的确定

工程合同价款是发包人和承包人在协议中约定的，发包人用以支付承包人按照合同约定完成承包范围内全部工程并承担质量保修责任的价款，是工程合同中双方当事人最关心的核心条款，是由发包人、承包人依据中标通知书中的中标价格在协议书中的约定。合同价款在协议书内约定后，任何一方不能擅自更改。

《建筑工程施工发包与承包计价管理办法》（住建部令第16号）规定，工程合同价可以通过三种方式固定合同价、可调合同价和成本加酬金合同价。

1. 固定合同价

固定合同价是指在约定的风险范围内价款不再调整的合同。双方须在专用条款内约定合同价款包含的风险范围、风险费用的计算方法和承包风险范围以外对合同价款有影响的调整方法，在约定的风险范围内合同价款不再调整。固定合同价可分为固定合同总价和固定合同单价两种形式。

（1）固定总价合同。固定总价合同的计算是以设计图、工程量及规范等为依据，承发包双方就承包工程协商一个固定的总价，即承包方按投标时发包方接受的合同价格实施工程，并一笔包死，无特定情况不再变化。

采用这种合同，合同总价只有在设计和工程范围发生变更的情况下才能随之做出相应的变更，除此之外，合同总价一般不能变动。因此，采用固定总价合同，承包方要承担合同履行过程中的主要风险，要承担因实物工程量、工程单价等变化而可能造成损失的风险。在合同履行过程中，承发包双方均不能以工程量、设备和材料价格、工资等变动为理由，提出对合同总价调值的要求。所以，作为合同总价计算依据的设计图、说明、规定及规范需对工程做出详尽描述，承包方要在投标时对一切费用上升的因素做出估计并将其包含在投标报价之中。承包方因为可能要为许多不可预见的因素付出代价，所以往往会加大不可预见费用，致使这种合同的投标价格较高。

固定总价合同一般适用于以下情况：

1）招标时的设计深度已达到施工图设计要求，工程设计图完整齐全，项目、范围及工程量计算依据确切，合同履行过程中不会出现较大的设计变更，承包方依据的报价工程量与实际完成的工程量不会有较大的差异。

2）规模较小、技术不太复杂的中小型工程。承包方一般在报价时可以合理地预见实施过程中可能遇到的各种风险。

3）合同工期较短，一般为一年之内的工程。

（2）固定单价合同。固定单价合同分为估算工程量单价合同与纯单价合同。

1）估算工程量单价合同。它是以工程量清单和工程单价表为基础和依据来计算合同价格的，亦可称为计量估价合同。估算工程量单价合同通常是由发包方提出工程量清单，列出分部分项工程量，由承包方以此为基础填报相应单价，累计计算后得出合同价格。但最后的工程结算价应按照实际完成的工程量来计算，即按合同中的分部分项工程单价和实际工程量计算得出工程结算和支付的工程总价格。

采用这种合同时，要求实际完成的工程量与原估计的工程量不能有实质性的变更。因为承包方给出的单价是以相应的工程量为基础的，如果工程量大幅度增减就可能会影响工程成本。不过在实践中往往很难确定，工程量究竟有多大范围的变更才算实质性变更，这是采用这种合同计价方式需要考虑的一个问题。有些固定单价合同规定，如果实际工程量与报价表中的工程量相差超过±15%时，允许承包方调整合同价。此外，也有些固定单价合同在材料价格变动较大时允许承包方调整单价。

采用估算工程量单价合同时，工程量是统一计算出来的，承包方只要经过复核后填上适当的单价，承担风险较小发包方也只需审核单价是否合理即可，对双方都较为方便。由于具有这些特点，估算工程量单价合同是比较常见的一种合同计价方式。估算工程量单价合同大多用于工期长、技术复杂、实施过程中可能会发生较多不可预见因素的建设工程。施工图不完整或当准备招标的工程项目内容、技术经济指标一时尚不能明确时，往往要采用这种合同计价方式。这样在不能精确地计算出工程量的条件下，可以避免使发包或承包的任何一方承担过大的风险。

2）纯单价合同。当采用这种计价方式的合同时，发包方只向承包方给出发包工程的有关分部分项工程及工程范围，不对工程量做任何规定。即在招标文件中仅给出工程内各个分部分项工程一览表工程范围和必要的说明，而不必提供实物工程量。承包方在投标时只需要对这类给定范围的分部分项工程做出报价即可，合同实施过程中按实际完成的工程量进行结算。

这种合同计价方式主要适用于没有施工图，或工程量不明却急需开工的紧迫工程，如当设计单位来不及提供正式施工图，或虽有施工图但由于某些原因不能比较准确地计算工程量时。

2. 可调合同价

可调合同价是指合同总价或者单价，在合同实施期内根据合同约定的办法调整，即在合同的实施过程中可以按照约定，随资源价格等因素的变化而调整的价格。

（1）可调总价合同。可调总价合同的总价一般也是以设计图及规定、规范为基础，在报价及签约时，按招标文件的要求和当时的物价来计算合同总价。但合同总价是一个相对固定的价格，在合同执行过程中，由于通货膨胀而使所用的工料成本增加，可对合同总价进行相应的调整。可调总价合同的合同总价不变，只是在合同条款中增加调价条款，如果出现通货膨胀这一不可预见的费用因素，合同总价就可按约定的调价条款做相应调整。

可调总价合同列出的有关调价的特定条款，往往是在合同专用条款中列明的，调价必须按照这些特定的调价条款进行。这种合同与固定总价合同的不同之处在于，它对合同实施中出现的风险做了分摊，发包方承担了通货膨胀的风险，而承包方承包合同实施中实物工程量、成本和工期因素等其他风险。

可调总价合同适用于工程内容和技术经济指标规定很明确的项目，由于合同中列有调值条款，所以工期在一年以上的工程项目较适于采用这种合同计价方式。

（2）可调单价合同。合同单价的可调一般是在工程招标文件中规定的，是在合同中签订的单价。根据合同约定的条款，如在工程实施过程中物价发生变化等情况时，可做调值。有的工程在招标或签约时，因某些不确定因素而在合同中暂定某些分部分项工程的单价，在工程结算时，再根据实际情况和合同约定对合同单价进行调整，确定实际结算单价。

3. 成本加酬金合同价

成本加酬金合同是将工程项目的实际投资划分成直接成本费和承包方完成工作后应得酬金两部分。工程实施过程中发生的直接成本费由发包方实报实销，再按合同约定的方式另外支付给承包方相应报酬。

这种合同计价方式主要适用于工程内容及技术经济指标尚未全面确定，以及投标报价的依据尚不充分的情况下，发包方因工期要求紧迫，必须发包的工程或者发包方与承包方之间有着高度的信任，承包方在某些方面具有独特的技术、特长或经验。由于在签订合同时，发包方提供不出可供承包方准确报价所必需的资料，即报价缺乏依据，因此，在合同中只能商定酬金的计算方法。成本加酬金合同广泛适用于工作范围很难确定的工程和在设计完成之前就开始施工的工程。

以这种计价方式签订的工程承包合同有两个明显缺点：一是发包方对工程总价不能实施有效控制，二是承包方对降低成本也不太感兴趣。因此，采用这种合同计价方式，其条款必须非常严格。

按照酬金的计算方式不同，成本加酬金合同又分为以下几种形式。

（1）成本加固定百分比酬金确定的合同价。采用这种合同计价方式，承包方的实际成本实报实销，同时按照实际成本的固定百分比付给承包方一笔酬金。这种合同计价方式是工程总价及付给承包方的酬金随工程成本而水涨船高，这不利于鼓励承包方降低成本，正是由于这种弊病所在，使得这种合同计价方式很少被采用。

（2）成本加固定金额酬金确定的合同价。采用这种合同计价方式与成本加固定百分比酬金合同相似。其不同之处仅在于在成本月所增加的费用是一笔固定金额的酬金。酬金一般是按估算工程成本的一定百分比确定，数额是固定不变的。这种计价方式的合同虽然也不能鼓励承包商关心和降低成本，但从尽快获得全部酬金，减少管理投入出发，会有利于缩短工期。

采用上述两种合同计价方式时，为了避免承包方企图获得更多的酬金而对工程成本不加控制，在承包合同中往往规定一些补充条款，以鼓励承包方节约工程费用的开支、降低成本。

（3）成本加奖罚确定的合同价。采用成本加奖罚合同，是在签订合同时双方事先约定该工程的预期成本（或称目标成本）和固定酬金，以及实际发生的成本与预期成本比较后的奖罚计算办法。在合同实施后，根据工程实际成本的发生情况，确定奖罚的额度，当实际成本低于预期成本时，承包方除可获得实际成本补偿和酬金外，还可根据成本降低额得到一笔奖金。当实际成本大于预期成本时，承包方仅可得到实际成本补偿和酬金，并根据实际成本高出预期成本的程度，被处以一笔罚金。这种合同计价方式可以促使承包方关心和降低成本，缩短工期，而且目标成本可以随着设计的进展而加以调整，所以承发包双方都不会承担太大的风险，故这种合同计价方式应用较多。

（4）最高限额成本加固定最大酬金。在这种计价方式的合同中，首先要确定最高限额成本、报价成本和最低成本，当实际成本没有超过最低成本时，承包方花费的成本费用及应得酬金等都可得到发包方的支付，并与发包方分享节约额。若实际工程成本在最低成本和报价成本之间，则承包方只有成本和酬金可以得到支付。若实际工程成本在报价成本与最高限额成本之间，则承包方只有全部成本可以得到支付。若实际工程成本超过最高限额成本，则对超过部分，发包方不予支付。

这种合同计价方式有利于控制工程投资，并能鼓励承包方最大限度地降低工程成本。

4.3.2 合同价款的调整

1. 合同价款调整的条件

引起工程合同价款调整的因素是多种多样的，例如国家政策调整，法律、法规变化，市场价格波动，不可抗力情况发生。开发及设计变更、承建双方未尽责任与义务。例如《建设施工合同（示范文本）》对工程量清单缺陷的规定是除专用合同条款另有约定外，发包人提供的工程量清单，应被认为是准确的和完整的。出现下列情形之一时，发包人应予以修正，并相应调整合同价格：

（1）工程量清单存在缺项、漏项的。

（2）工程量清单偏差超出合同条款约定的工程量偏差范围的。

（3）未按照国家现行计量规范强制性规定计量的。

2. 变更价款的原则

合同价款调整之前必须完备相应的手续，否则会影响合同价款调整时效，《建设施工合同（示范文本）》中，针对不同情况分别做出了规定。因变更引起的价格调整应计入最近一期的进度款中支付。

变更价款原则上除专用合同条款另有约定外，变更估价按照以下条款约定处理：

（1）已标价工程量清单或预算书有相同项目的，按照相同项目单价认定。

（2）已标价工程量清单或预算书中无相同项目，但有类似项目的，参照类似项目的单价认定。

（3）变更导致实际完成的变更工程量与已标价工程量清单或预算书中列明的该项目工程量的变化幅度超过15%的，或已标价工程量清单或预算书中无相同项目及类似项单价的，按照合理的成本与利润构成原则，由合同当事人进行商定，或总监理工程师按照合同约定审慎做出公正的确定，任何一方当事人对总监理工程师的确定有异议时，按照合同约定的争议解决条款执行。

4.3.3 工程结算

根据中华人民共和国财政部、中华人民共和国建设部《建设工程价款结算暂行办法》的规定，工程价款结算是指对建设工程的发承包合同价款进行约定和依据合同约定进行工程预付款、工程进度款、工程竣工价款结算的活动。

1. 合同价款中期支付

依据现行清单计价规范，合同价款中期支付包括工程预付款、安全文明施工费、工程进度款。

（1）工程预付款（预付备料款）结算。施工企业承包工程一般实行包工包料，这就需要有一定数量的备料周转金。在工程承包合同条款中，一般规定在开工前发包方拨付给承包单位一定限额的工程预付备料款。包工包料工程的预付款按合同约定拨付，计价执行《建设工程工程量清单计价规范》的工程，实体性消耗和非实体性消耗部分应在合同中分别约定预付款比例。

预付的工程款必须在合同中约定抵扣方式，并在工程进度款中进行抵扣。凡是没有签订合同或不具备施工条件的工程，发包人不得预付工程款，不得以预付款为名转移资金。当合同没有约定时，按计价规范的规定预付和抵扣。

计价规范中关于预付款的相关规定如下：

1）包工包料工程预付款的支付比例不得低于签约合同价（扣除暂列金额）的10%，不宜高于签约合同价（扣除暂列金额）的30%。

2）承包人应在签订合同或向发包人提供与预付款等额的预付款保函（如有）后，向发包人提交预付款支付申请。

3）发包人应在收到支付申请的 7 天内进行核实，向承包人发出预付款支付证书，并在签发支付证书的 7 天内向承包人支付预付款。

4）发包人没有按合同约定按时支付预付款的，承包人可催告发包人支付；发包人在到付款期满后的 7 天内仍未支付的，承包人可在付款期满后的第 8 天起暂停施工。发包人应承担由此增加的费用和（或）延误的工期，并向承包人支付合理利润。

5）预付款应从每一个支付期应支付给承包人的工程进度款中扣回，直到扣回的金额划到合同约定的预付款金额为止。

6）承包人的预付款保函（如有）的担保金额根据预付款扣回的数额相应递减，但在预付款全部扣回之前一直保持有效。发包人应在预付款扣完后的 14 天内将预付款保函退还承包人。

（2）安全文明施工费。安全文明施工费包括的内容和范围，应以国家现行规范及工程所在地省级建设行政主管部门的规定为准。

发包人应在工程开工后的 28 天内预付不低于当年施工进度计划的安全文明施工费总额的 60%，其余部分按照提前的原则进行分解，与进度款同期支付。发包人没有按时支付安全文明施工费的，承包人可催告发包人支付。发包人在付款期满后的 7 天内仍未支付的，若发生安全事故，则发包人应承担连带责任。

承包人应对安全文明施工费专款专用，在财务账目中单独列项备查，不得挪为他用，否则发包人有权要求其限期改正。逾期未改正的，造成的损失和（或）延误的工期由承包人承担。

（3）工程进度款结算（中间结算）。施工企业在施工过程中，根据合同所约定的结算方式，按月或形象进度或控制界面已经完成的工程量计算各项费用，并向业主办理工程款结算的过程，叫工程进度款结算，也叫中间结算。

以按月结算为例，业主在月中向施工企业预支半月工程款，月末施工企业根据实际完成工程量向业主提供已完工程月报表和工程价款结算账单，经业主和工程师确认，收取当月工程价款，并通过银行结算。即承包商提交已完工程量报告→工程师确认→业主审批认可→支付工程进度款。

（4）工程保修金。按照《建设工程质量保证金管理暂行办法》的规定，建设工程项目质量保修金（质量保证金）指发包人与承包人在建设工程项目承包合同中约定，从应付的工程款中预留，用以保证承包人在保修期内对建设工程项目出现的缺陷进行维修的资金，待工程项目保修期结束后拨付。保修金扣除方法有两种：

1）当工程进度款拨付累计额达到该建筑安装工程造价的一定比例时（一般为 95%），停止支付。预留的一定比例的剩余尾款作为保修金。

2）保修金的扣除也可以从发包方向承包方第一次支付的工程进度款开始，在每次承包商应得到的工程款中扣留投标书中规定金额作为保修金，直至保修金总额达到投标书中规定的限额为止。全部或者部分使用政府投资的建设项目，按工程价款结算总额 5%左右的比例预留保证金。社会投资项目采用预留保证金的方式，预留保证金比例可参照执行。

2. 工程竣工结算的编制

工程竣工结算由承包人或受其委托具有相应资质的工程造价咨询人编制。

（1）工程竣工结算编制的主要依据包括以下内容：

1）国家有关法律、法规、规章制度和相关的司法解释。

2）建设工程工程量清单计价规范。

3）施工发承包合同、专业分包合同及补充合同，有关材料、设备采购合同。

4）招标投标文件，包括招标答疑文件、投标承诺、中标报价书及其组成内容。

5）工程竣工图或施工图、施工图会审记录，经批准的施工组织设计，以及设计变更、工程洽商和相关会议纪要。

6）经批准的开、竣工报告或停、复工报告。

7）发承包双方确认的工程量。

8）发承包双方确认追加（减）的工程价款调整。

9）其他依据。

（2）工程竣工结算的编制内容。采用工程量清单计价方式时，工程竣工结算的编制内容包括工程量清单计价表所包含的各项费用内容。

1）分部分项工程费。依据双方确认的工程量、合同约定的综合单价计算，如发生调整的，以发承包双方确认调整的综合单价计算。

2）措施项目费。依据合同约定的项目和金额计算，如发生调整的，以发承包双方确认调整的金额计算。

a．用综合单价计价的措施项目，应依据发承包双方确认的工程量和综合单价计算。

b．明确采用"项"计价的措施项目，应依据合同约定的措施项目和金额或发承包双方确认调整后的措施项目费的金额计算。

c．措施项目费中的安全文明施工费应按照国家或省级、行业建设主管部门的规定计算。施工过程中，关于国家或省级、行业建设主管部门对安全文明施工费进行调整的，措施项目费中的安全文明施工费应做相应调整。

3）其他项目费应按以下规定计算：

a．计日工费用应按发包人实际签证确认的数量和合同约定的相应项目综合单价计算。

b．暂估价中的材料单价应按发承包双方最终确认价在综合单价中调整；专业工程暂估价应按中标价或发包人、承包人与分包人最终确认价计算。

c．总承包服务费应依据合同约定金额计算，如发生调整的，以发承包双方确认调整的金额计算。

d．索赔费用应依据发承包双方确认的索赔事项和金额计算。

e．现场签证费用应依据发承包双方签证资料确认的金额计算。

f．暂列金额应减去工程价款调整与索赔、现场签证金额计算，如有余额归发包人。

4）规费和税金应按照国家或省级、行业建设主管部门对规费和税金的计取标准进行计算。

3．工程竣工结算的程序

（1）承包人递交竣工结算书。承包人应在合同规定时间内编制完竣工结算书，并在提交竣工验收报告的同时递交给发包人。承包人未在规定的时间内提交竣工结算文件，经发包人催告后14天内仍未提交或没有明确答复，发包人有权将已有资料编制竣工结算文件作为办理竣工结算和支付结算款的依据，承包人应予以认可。

（2）发包人进行核对。发包人在收到承包人递交的竣工结算书后，应按合同约定时间核对。发包人应在收到承包人提交的竣工结算文件后的28天内核对。发包人经核实，认为承包人还应进一步补充资料和修改结算文件，应在上述时限内向承包人提出核实意见，承包人在收到核实意见后的 28 天内按照发包人提出的合理要求补充资料，修改竣工结算文件，并再次提交给发包人复核后批准。

发包人应在收到承包人再次提交的竣工结算文件后的 28 天内予以复核，并将复核结果通知承包人。

1) 发包人、承包人对复核结果无异议的，应于 7 天内在竣工结算文件上签字确认，竣工结算办理完毕。

2) 发包人或承包人对复核结果认为有误的，无异议部分按照办理不完全竣工结算；有异议部分由发承包双方协商解决，协商不成的，按照合同约定的争议解决方式处理。发包人在收到承包人竣工结算文件后的 28 天内，不核对竣工结算或未提出核对意见的，视为承包人提交的竣工结算文件已被发包人认可，竣工结算办理完毕。承包人在收到发包人提出的核实意见后的 28 天内，不确认也未提出异议的，视为发包人提出的核实意见已被承包人认可，竣工结算办理完毕。

（3）工程造价咨询人代表发包人核对。发包人委托工程造价咨询人核对竣工结算的，工程造价咨询人应在 28 天内核对完毕，核对结论与承包人竣工结算文件不一致的，应提交给承包人复核，承包人应在 14 天内将同意核对结论或不同意见的说明提交工程造价咨询人。工程造价咨询人收到承包人提出的异议后，应再次复核，复核无异议的办理竣工结算手续，复核后仍有异议的，无异议部分办理竣工结算，有异议部分双方协商解决，仍未达成一致意见，按合同约定争议解决方式处理。

承包人逾期未提出书面异议，视为工程造价咨询人核对的竣工结算文件已经承包人认可。

4. 工程价款结算争议处理

（1）在工程计价中，关于工程造价计价依据、办法及相关政策规定发生争议事项的，由工程造价管理机构负责解释。

（2）工程造价咨询机构接受发包人或承包人委托，编审工程竣工结算，应按合同约定和实际履约事项认真办理，出具的竣工结算报告经发承包双方签字后生效。同一工程竣工结算核对完成，发承包双方签字确认后，禁止发包人又要求承包人与另一个或多个工程造价咨询人重复核对竣工结算。

（3）发包人以对工程质量有异议，拒绝办理工程竣工结算的，已竣工验收或已竣工未验收但实际投入使用的工程，其质量争议按该工程保修合同执行；竣工结算按合同约定办理已竣工未验收且未实际投入使用的工程，以及对于停工、停建工程的质量争议，双方应就有争议的部分委托有资质的检测鉴定机构进行检测，根据检测结果确定解决方案，或在工程质量监督机构的处理决定执行后办理竣工结算，无争议部分的竣工结算按合同约定办理。

（4）发承包双方发生工程造价合同纠纷时，应通过下列办法解决：

1) 双方协商。

2) 提请调解，工程造价管理机构负责调解工程造价问题。

3) 按合同约定向仲裁机构申请仲裁或向人民法院起诉。

5. 工程竣工价款结算的基本公式

计算公式如下：

$$竣工结算工程价款 = 合同价款 + 施工过程中预算或合同价款调整数额$$
$$- 预付及已结算工程价款 - 保修金 \tag{4-23}$$

6. 结算款支付

（1）签发竣工结算支付证书。承包人应根据办理的竣工结算文件，向发包人提交竣工结算款支付申请。该申请应包括下列内容：竣工结算合同价款总额，累计已实际支付的合同价款，应扣留的质量保证金，实际应支付的竣工结算款。

发包人应在收到承包人提交竣工结算款支付申请后的 7 天内予以核实，并向承包人签发竣工结算支付证书。

（2）支付。

1）发包人在签发竣工结算支付证书后的 14 天内，应按照竣工结算支付证书列明的金额向承包人支付结算款。

2）发包人在收到承包人提交的竣工结算款支付申请后的 7 天内不予核实，不向承包人签发竣工结算支付证书的，视为承包人的竣工结算款支付申请已被发包人认可；发包人应在收到承包人提交的竣工结算款支付申请 7 天后的 14 天内，按照承包人提交的竣工结算款支付申请中列明的金额向承包人支付结算款。

3）发包人未按时支付竣工结算款的，承包人可催告发包人支付，并有权获得延迟支付的利息。发包人在竣工结算支付证书签发后或者在收到承包人提交的竣工结算款支付申请 7 天后的 56 天内仍未支付的，除法律另有规定外，承包人可与发包人协商将该工程折价，也可直接向人民法院申请将该工程依法拍卖。承包人就该工程折价或拍卖的价款优先受偿。

7. 质量保证金与最终结清

（1）质量保证金。发包人应按照合同约定的质量保证金比例从结算款中扣留质量保证金。

承包人未按照合同约定履行属于自身责任的工程缺陷修复义务的，发包人有权从质量保证金中扣留用于缺陷修复的各项支出。若经查验，工程缺陷属于发包人原因造成的，应由发包人承担查验和缺陷修复的费用。

在合同约定的缺陷责任期终止后的 14 天内，发包人应将剩余的质量保证金返还给承包人。剩余质量保证金的返还，并不能免除承包人按照合同约定应承担的质量保修责任和应履行的质量保修义务。

（2）最终结清。缺陷责任期终止后，承包人应按照合同约定向发包人提交最终结清支付申请。发包人对最终结清支付申请有异议的，有权要求承包人进行修正和提供补充资料。承包人修正后，应再次向发包人提交修正后的最终结清支付申请。

发包人应在收到最终结清支付申请后的 14 天内予以核实，并向承包人签发最终结清证书。发包人应在签发最终结清支付证书后的 14 天内，按照最终结清支付证书列明的金额向承包人支付最终结清款。若发包人未在约定的时间内核实，又未提出具体意见的，视为承包人提交的最终结清支付申请已被发包人认可。

4.4　施工成本的控制与分析

4.4.1　施工成本控制概述

1. 施工项目成本管理与施工项目工程造价管理

施工项目成本管理是施工阶段工程项目管理的一个重要的组成部分，是建筑施工企业项目管理系统中的两个重要的子系统，是以建筑施工企业为主体，从如何减少项目支出的角度来考虑造价管理的。对建筑施工企业而言，施工阶段的工程变更、价款调整、工程索赔、价款结算等是提高施工项目收入的重要工具和方法，也是建筑施工企业工程造价管理的重要内容。相反，对建设单位而言，施工阶段的工程变更、价款调整、工程索赔、价款结算等是减少工程项目支出，控制工程项目投资的重要工具和方法，是建设单位工程造价管理的重要内容和手段，但同时也是其项目成本管理的重要阶段和组成部分。这些也说明该阶段不同利益主体工程造价管理是相互联系、相互影响和相互制约的，但它们同时也统一到工程项目的建设过程中。因此，对建筑施工企业而言，为提高施工项目效益，应遵循通过开源节流的方式弥补补工程造价管理费用。其工程造价管理的基本任务不仅是做好施工项目的工程变更、价款调整、工程索赔、价款结算等工作，而且还要做好施工项目的成本管理工作。

2. 施工项目成本管理的内容

施工项目成本管理不仅具有管理的一般特性和职能，还具有自身的独特性和内容。施工项目成本管理的主要环节和内容包括成本预测、成本决策、成本计划、成本控制、成本核算、成本分析和成本考核等。每一个环节都是相互联系和相互作用的。

成本预测是对成本决策的前提，也是实现成本控制的重要手段。成本决策是根据成本预测情况，通过科学地分析、判断，决策出建筑施工项目的最终成本。成本计划是成本决策所确定目标的具体化，是成本控制的依据，成本计划一旦批准，其各而指标就可以成为成本控制、成本分析和成本考核的依据。成本控制是对成本计划的实施监督，保证决策的成本目标的实现。而成本核算又是成本计划是否实现的最后检验，它所提供的成本信息又为下一个施工项目的成本预测和决策提供基础资料。成本考核是实现项目成本目标责任制的保证和实现决策目标的重要手段。

从施工项目成本管理流程和环节来看，做好成本控制应该遵循三阶段成本控制思路，即采用事前控制、事中控制和事后控制三个阶段。事前控制就是要做好施工项目成本的预测、成本决策和成本计划，要形成施工项目的目标成本和成本控制措施，建立施工项目成本控制体系，其重点在于计划。事中控制就是运用好成本控制方法，加强成本核算，做好成本分析工作，其重点在于监督与控制。事后控制就是要处理好成本考核工作，目的在于加强成本控制组织建设，形成内部成本控制的评价与激励机制，调动员工的积极性。

为做好成本管理的各个环节和工作，在施工项目管理过程中建立相适应的组织机构，完善成本管理流程和制度是非常重要的。其基本思路是在施工过程中，对所发生的各种成本信息通过有组织、系统地预测、计划、控制、核算和分析等一系列工作，做到事前有计划、事中有控制、事后有监督，促使施工项目系统内的各种要素，按照一定的目标运行，使施工项目的实际成本能够控制在预定的计划成本范围内。

3. 施工项目成本控制内涵

施工项目成本控制是指项目在施工过程中，对影响施工项目成本的各种因素加强管理，并采取各种有效措施，将施工过程中实际发生的各种消耗和支出严格控制在成本计划范围内，随时揭示并及时反馈，严格审查各项费用是否符合标准，计算实际成本和计划成本之间的差异并进行分析，消除施工中的损失浪费现象，发现和总结先进经验，通过成本控制最终实现预期的成本目标。

长期以来，施工项目的成本控制一直立足于调查—分析—决策基础上的偏离—纠偏—再偏离—再纠偏的控制方法，处于一种被动控制的状态。在人们将系统论和控制论的研究成果用于项目管理后，将成本控制立足于事先主动地采取决策措施，通过完成计划—动态跟踪—再计划的循环过程，尽量减少甚至避免实际值与目标值的偏离，形成主动、积极的控制方法。建立有效的成本控制方法和体系是成本控制成功的关键。

4.4.2 施工成本控制方法

与其他制造业不同的是，建筑业的产品大多是单件性的。这种情况给有效的管理监制带来了诸多的困难，因为每一个新工程都由新组成的管理队伍管理，工人流动性大且是临时招聘的，工地分散在各地。这样往往使公司各工地之间不能进行有效联络。此外还有多变的气候条件等。所有这些都造成了施工企业不能建立像其他制造业一样的标准成本控制体系。

控制成本是大多数管理人员的明确目标，必须认识到光是纸上谈兵并不能控制成本。归根到底，管理者决定改变某项工作的施工方法以及付诸实施的过程都是实现成本控制的行动。成本控制系统的要素是将观测结果与希望达到的标准相比较，必要时采取改进措施。将成本控制要素进行科学有效地组合是建立有效的成本控制系统的关键。

1. 施工项目成本预测的方法

根据成本预测的内容和期限不同，成本预测的方法有所不同，但基本上可以归纳为定性分析法与定量分析法两类。定性分析法是通过调查研究，利用直观材料，依靠个人经验的主观判断和综合分析能力，对未来成本进行预测的方法，因而称为直观判断预测，或简称为直观法。定量分析法是根据历史数据资料，应用数理统计的方法来预测事物的发展状况，或者利用事物内部因素发展的因果关系，预测未来变化趋势。具体来说，常见的施工成本控制方法有以下几种：

（1）两点法。按照选点的不同，可分为高低点法和近期费用法。高低点法是指选取的两点是一系列相关值域的最高点和最低点，即以某一时期内的最高工作量与最低工作量的成本进行对比，借以推算成本中的变动费用与固定费用各占多少的一种简便的方法。若选取的两点是近期的相关值域，则称为近期费用法。两点法的优点是简便易算，缺点是有一定的误差，预测值不够精确。

（2）最小二乘法。采用线性回归分析，寻求一条直线，是该直线比较接近约束条件，用以预测总成本和单位成本的一种方法。

（3）专家预测法。依靠专家来预测未来成本的方法。这种预测值的准确性，取决于专家知识和经验的广度与深度。采用专家预测法，一般要事先向专家提供成本信息资料，有专家经过研究分析，根据自己的知识和经验，对未来成本做出个人的判断然后再综合分析专家的意见，形成预测的结论。专家预测的方式，一般有个人预测和会议预测两种。个人预测的优点是能够最大限度地利用个人的能力，意见易于集中。缺点是受专家的业务水平、工作经验和成本信息的限制，有一定的极限性。会议预测的优点是经过充分讨论，所测数值比较准确；缺点是有时可能出现会议准备不周，走过场，或者屈从某单方的意见。

成本预测的方法还有很多，通过有效成本预测方法为成本预测提供保证。成本预测是进行成本决策和编制成本计划的基础，也为选择最佳成本方案提供科学依据，同时也是挖掘内部潜力，加强成本控制的重要手段。因此，选择成本预测方法应该综合考虑，以提高准确性。

2. 施工项目成本计划的方法

施工项目的成本计划是指在计划工期内的费用、成本水平和降低成本的措施与方案，是对成本预测的具体体现，也是成本控制的依据。其各项指标和措施的制定应符合实际，并留有一定的余地。成本计划的常用方法表现为工程预算的方法，如工料单价法、综合单价法，它们以企业定额为标准和依据。另外，以项目管理的工作分解结构（WBS）为基础进行项目控制和项目成本控制，以建立标准编码体系为基础的标准成本管理。但不管哪种方法，应该编制准确的、合理的施工项目成本计划，为施工项目成本控制、分析与考核提供标准和依据。

3. 施工项目成本核算的方法

施工项目成本核算过程实际上是各项成本归集和分配的过程。成本的归集是指通过一定的会计制度，以有序的方式进行成本数据的收集和汇总。而成本的分配是将归集的间接成本分配给成本对象的过程，也称间接成本的分摊或分配。

（1）人工费核算。如内包人工费，按月估算，计入项目单位过程成本。外包人工费按月由项目成本部核算后提供。"包清工工程款月度成本汇总表"预提前计入项目单位过程成本。上述内包、外包合同履行完毕，根据分部分项的工期、质量、安全和场容等验收考核情况进行合同结算。

（2）材料费核算。根据限额领料单、退料单、报损报耗单和大堆材料耗用计算单等，由项目材料员按单位工程编制材料耗用汇总表，计入项目成本。

钢材、水泥、木材这三种材料的材料价差应列入工程预算账内作为造价的组成部分。单位工程竣工结算，应按实际消耗进行实际成本的调整。装饰材料按实际采购价作为计划价核算，并计入该项目成本。项目对外自行采购或按定额承包供应的材料，如砖、瓦、砂等，应按照实际采购价或按议价供应价格结算，由此产生的材料成本差异，应相应增减成本。周转材料实行内部租赁制，以租赁的形式反映消耗情况，按"谁租用谁负担"的原则，核算其项目成本。按照周转材料租赁办法和租赁合同，由出租方与项目经理部按月结算租赁费。租赁费用按租用的数量、时间和内部租用的单价计入项目成本。

项目结构件的使用必须要有领发手续，并根据这些手续，按照单位工程使用对象编制结构件耗用月报表。结构件的单价以项目经理部与外加工单位签订的合同为准，计算的耗用金额计入项目成本。

（3）机械使用费核算。机械设备实行内部租赁制，以租赁形式反映其消耗情况，按"谁租用谁负担"的原则，核算其项目成本。按机械设备租赁办法和租赁合同，由企业内部机械设备租赁市场与项目经理部按月结算租赁费。租赁费根据机械使用台班、停置台班和内部租赁单价计算，计入项目成本，机械进出场费按照规定由承租方承担。

（4）其他直接费核算。项目施工生产过程中实际发生的其他直接费，凡能分清受益对象的，应直接计入受益成本核算对象的工程施工的其他直接费，若与若干个成本核算对象有关的，则可先归集到项目经理部的其他直接费总账科目，再按规定的方法分配计入有关成本核算对象的工程施工的其他直接费成本项目内。其主要包含如二次搬运费、临时设施摊销费、生产工具用具使用费等。

4. 施工项目成本分析的方法

由于施工项目成本涉及的范围很广，需要分析的内容也很多，应该在不同的情况下采取不同的分析方法。综合成本、专项成本和目标成本差异分析的基本方法如下：

（1）比较法。是通过技术经济指标的对比，检查目标的完成情况，分析产生差异的原因，进而挖掘内部潜力的方法。该方法具有通俗易懂、简单易行和便于掌握的特点，因而得到了广泛应用，但在应用时必须注意各技术经济指标的可比性。通常有多种形式的实际指标与目标指标对比。通过对比检查目标的完成情况，分析完成目标的积极因素和影响目标完成的原因，以便及时采取措施，保证成本目标的实现。在进行实际与目标对比时，还应注意目标本身的质量。如果目标本身出现质量问题，则应调整目标，重新正确评价实际工作的成绩，以免挫伤他人的积极性。通过本期实际指标与上期实际指标的对比，可以看出各项技术经济指标的动态情况，反映施工项目管理水平的提高程度。在一般情况下，一个技术经济指标只能代表施工项目管理的一个侧面，只有成本指标才是施工项目管理水平的综合反映。通过与本行业平均水平、先进水平的对比，可以反映本项目的技术管理和经济管理与其他的平均水平和先进水平的差距，进而采取措施加以赶超。

（2）因素分析法。又称连环替代法，这种方法是用来分析各种成本形成的影响程度。在分析过程中，首先要假定众多因素中的某个因素发生了变化，其他因素则不变，其次逐个替换，并分别比较其计算结果，以确定各个因素的变化对成本的影响程度。因素分析法的计算步骤如下：

1）确定分析的对象，并计算出实际与目标数的差异。

2）确定该指标是由哪几个因素组成的，并按其相互关系进行排序。

3）以目标数为基础，将各因素的目标数相乘作为分析替代的基数。

4）将各个因素的实际数按照上面的排列顺序进行替换计算，并将替换后的实际数保留下来。

5）将每次替换计算所得到的结果，与前一次的计算结果相比较，两者的差异即为该因素对成本的影响程度。

6）各个因素的影响程度之和，应与分析对象的总差异相等。

5. 施工项目成本考核方法

施工项目成本考核应该包括两个方面的考核，即项目成本目标完成情况的考核和成本管理工作业绩的考核。这两方面有着必然的联系，又同受偶然因素的影响。这两方面的考核是企业对项目成本进行评价和奖罚的依据。

（1）施工项目成本考核的方法。施工项目的成本考核采用评分制，其具体方法为先按考核内容评分，然后按一定比例加权平均，即责任成本完成情况评分按照一定比例评分，成本管理工作业绩按一定比例评分。施工项目可以根据施工项目和企业等相关情况确定评分方案。施工项目的成本考核要与相关指标的完成情况相结合，以成本考核评分时奖罚的依据，相关指标的完成情况为奖罚的条件，同时选择与成本考核相结合的相关指标作为评价的依据，一般有进度、质量、安全和现场标化管理。达到目标与否将成为奖罚的重要依据。

（2）施工项目成本的中间考核。中间考核主要有月度成本考核和阶段成本考核。月度成本考核一般是月度成本报表编制后，根据月度成本报表的内容进行考核，同时还应结合成本分析资料和施工生产、成本管理的实际情况，然后才能做出正确评价，以保证项目成本目标的实现。阶段成本考核一般可分为基础、结构、装饰和总体四个阶段，如果是高层建筑，可对结构阶段的成本进行分层考核。阶段成本考核的优点在于对施工成本进行及时考核，可与施工阶段的其他指标的考核结合得更好，更便于成本管理，也更能反映施工项目的管理水平。

（3）施工项目的竣工成本考核。施工项目的竣工成本是在工程竣工和工程款结算的基础上编制的，它是竣工成本考核的依据。施工项目的竣工成本是项目经济效益的最终反映，它既是上缴利税的依据，又是进行职工分配的依据。由于关系到不同方的利益分配，必须做到核算精准，考核正确。

4.4.3　施工企业工程项目成本控制案例

某大型建筑施工企业，其经营的工程项目多，项目规模大，项目分散在全国各地，这决定了企业工程造价控制的难度比较大。但经过多年的摸索，通过运用先进的项目管理方式和工程项目成本控制模式，建立完整的工程成本管理体系和方法使得该企业的经营效益得到了良好保证。以下为该公司项目成本管理与控制的思路和方法。

1. 施工阶段造价控制的基本思路

施工阶段工程造价控制就是按照工程造价构成理论，根据需要控制的目标，以不同角度对工程造价进行分解、分析、组合三个步骤的重复循环。并根据事件的发展进程做好三个阶段的成本控制。

（1）事前控制。事前控制是三个控制阶段中最重要的部分，是施工企业对项目实施后完成目标的预计与期望，也是成本控制工作最有效的阶段。

目前，国内施工企业通常实行项目承包制，即施工企业在做好目标成本的情况下，交由项目实施主体——项目经理部（通常是在项目施工招投标阶段，承包商已经有针对性地组建了项目经理部）在公司授权范围内履行总承包合同，总司与项目经理部之间签订目标成本责任书。因此，对承包商而言施工阶段造价控制的事前控制就是目标成本测算或称为承包指标的确定。

1）目标成本的形成。从造价构成角度讲：目标成本就是由直接费（人工费、材料费、机械费）、临时设施费、项目管理费组成。明确两个解释清单规范中的措施项目费按费用性质分解计入相应部分。项目管理费不同于定额取费表中的现场经费，不仅包括了施工企业项目经理部组织施工过程中发生的费用，同时还包括实施过程中发生的劳动保护费、财务经费等与该项目相关的所有费用。

2）目标成本的项目划分。目标成本划分即把目标成本分解成能够直接确定成本的若干分项目标，其常用的方法有以下两种：①按市场化分工划分。随着科学技术的逐渐进步，市场分工越来越细，因此分项目标划分基本上按照现行市场分工模式决定。一般将直接费部分分成劳务分包、专业分包、物资采购、机械设备、租赁等几项。同时还会出现水电费、保安费、咨询费、废旧物资处理费、临设摊销费、固定资产折旧费等分项目标。②按施工先后顺序划分。按照工程施工进度计划安排的分项工程即按施工先后顺序划分分项目标，如降水、土方工程、护坡、主体结构、水电预埋、二次结构、机电安装等。

需要注意的是分项目标不宜划分过细，主要依据施工组织设计中的施工方案确定，同时考虑分项目标的相对独立性。

3）目标成本的测算。目标成本测算的依据包括：

a. 招标文件及总承包合同原施工图样。

b. 中标预算。

c. 市场价格（包括相关部门发布的造价信息、市场询价）。

d. 经验数据（类似工程的参考数据、公司内部数据库）。

e. 公司确定的工程目标（包括质量、安全、工期等）。

f. 公司内部的管理制度。

g. 政府部门的相关法律、法规、规定等。

分项目标价格的确定是目标成本确定的最重要环节，单价的准确程度直接关系到整体目标成本的准确程度。

直接费部分的项目价格主要通过公司已有的招投标价格（包括项目准备阶段已经实施的招标、其他在施工项目的施工价格、同地域同行业当时的招标价格）、市场询价及公司内部数据库确定，同时要适当注意市场价格的变化规律。

临时设施费的价格主要根据项目策划阶段审批确定的平面布置图和施工企业自身形象要求确定分项目标，具体方法与直接费部分价格确定相同。结合项目现场情况一般以每平方米包干方式确定。出现现场特别狭小等特殊情况时，场地外租及相关的交通等费用另行计算。

项目管理费的确定主要通过公司的工薪体制，结合项目工期（若公司要求的实际工期比合同工期提前时以实际工期为准）及项目定编（管理人员数量）确定。一般以费用总额包干方式确定。

4）中标预算分解。为便于项目实施过程中的事中控制和事后控制，通常将中标预算收入分解与目标成本支出对比分析。在保证与目标成本项目划分（即分项目标）口径一致的情况下，分解中标预算收入。需要强调的是中标预算整体范围比目标成本大，主要包括管理费（施工企业总部）、利润、税金等。

5）承包指标的确定。目标成本确定即成为项目经理部的成本目标，中标预算收入与目标成本之间的差额与中标预算之比即形成项目的承包指标。通过以上过程的测算，准确程度较高，误差率一般能控制在 1%～2%。

（2）事中控制。事中控制的主要目的是落实、调整、纠正目标成本的实施过程，也就是检查、督促、指导项目经理部的日常管理。目前，各施工企业较常用的控制手段是加强过程成本监督，即过程成本的核算和考核。

直接费部分主要包括三项内容：分包采购、物资采购、机械设备租赁。直接费部分也是目标成本中最主要的部分。主要通过合同方式确定和控制实际成本，严格控制成本支出。通过合同管理和成本管理相结合，加强对内承包和对外采购合同的管理。

1）合同的签订阶段。各分项目标实施之前签订各项合同，分包造价尽可能在目标成本的控制范围内，并根据实际造价与目标成本之间的差异分析。重点分析实际造价与目标造价的差异点，引起差异点的原因，并根据实际情况将差异按可控因素、不可控因素、风险因素等归类，同时进行相应调整、控制措施的准备工作。

2）合同履行阶段。根据差异分析，重点提炼差异分析中的可控、风险部分，在合同履行中给予重点关注，并根据合同实施情况，按预先的各项调整、控制措施做好纠偏工作。

3）合同履行完之后的阶段。根据合同履行过程中的纠偏工作，在合同履行完毕后总结纠偏效果，并最终做好与目标成本的差异总结。同时，根据最终成本形成公司成本数据库的第一手资料。临时设施费、项目管理费基本上是严格执行分项目标成本，当出现工期、人员等影响要素变化时，根据企业制度做相应的动态调整。在项目实施完成后进行数据分析，从而构成公司成本数据库资料的一部分。

按施工工序划分的控制方式也是相似的，区别在于合同的分解、组合、分析范围不同。

（3）事后控制。通过过程动态的成本管理，完成总承包合同后，对项目部进行全面总结。为企业日后的对外投标、内部成本控制提供参考。

1）在第一手资料的基础上，剔除人为等主观因素对成本的影响，客观真实地反映正常施工成本，形成数据库。

2）系统整理施工过程中发生的各种影响造价变更的资料，从技术可行性和经济合理性角度修正施工成本。

3）按市场分工和分部分项施工顺序分别编制工程造价各种构成比例清单。

4）进一步对基础数据（第一手资料）进行数学统计，客观分析其变化趋势和变化幅度（剔除非正常状态的变化因素），形成相应的指数体系。

2. 施工阶段造价控制的方法

施工企业施工阶段造价控制的方法差别不大，相互之间的区别主要是由企业自身的项目管理体系造成的，但各种方法的理论依据是一致的。目前，结合实际情况，施工阶段采用的主要工程造价控制方法如下：

（1）公司充分授权。在企业自身的项目管理体系下，对项目经理部实行权限制约，其中最主要的权限为财权，即项目经理部的单项资金使用超过一定额度时由企业总部直接参与。

（2）实行内部招投标。招标投标制度是一种竞争性的制度，在工程实施的各个环节都具有很重要的意义。具体现形式主要包括：

1）集中采购，利用企业总部的整体优势（包括采购数量和资金保证等）进行各项采购，有利于降低采购成本。

2）有内部竞争机制的企业获得工程后，由公司下属项目经理部参与投标，项目之间互相竞争，同时也提高了项目部主管的控制意识。

（3）建立相应的合作库，注重收集和积累合作群体（主要为与企业成功合作的单位），建立相应的数据库，目前施工企业常用的有《合格分包商库》《合格供应商库》等。为工程投标报价、分包采购等打下基础。

（4）采用包干制度对施工过程中相对较难控制但又必须发生的费用，在详细数据分析整理的基础上，按包干使用方式控制成本，并在实践过程中不断调整、完善，形成企业的个别成本库。

公司通过建立成本控制体系，使企业分散在各地的工程项目成本得以有效控制，工程项目效益得以有效保障，企业的竞争力得以提升，同时也提高了项目管理水平。

5 水电工程合同管理与信息管理

5.1 建设工程合同

5.1.1 建设工程合同的概念

所谓建设工程合同（Contracts for construction projects），又称建设工程承包合同，是指承包人进行工程建设，发包人支付价款的合同，包括勘察、设计、施工合同。建设工程合同的标的是基本建设工程，要求承包人必须具有相当高的建设能力，要求发包人参与建设方之间的权利、义务和责任，以保证完成基本建设任务的法律形式。因此，建设工程合同在我国的经济建设和社会发展中有着十分重要的地位。建设工程合同的关系见图5-1。

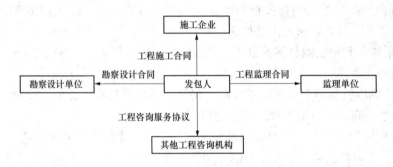

图 5-1 建设工程合同的关系

5.1.2 建设工程合同的分类

按照《中华人民共和国合同法》的规定，建设工程合同包括三种：建设工程勘察合同、建设工程设计合同、建设工程施工合同。

（1）建设工程勘察是指根据建设工程的要求，查明、分析、评价建设场地的地质地理环境特征和岩土工程条件，编制建设工程勘察文件的活动。建设工程设计是指根据建设工程的要求，对建设工程所需的技术、经济、资源、环境等条件进行综合分析、论证，编制建设工程设计文件的活动。建设工程勘察、设计应当与社会、经济发展水平相适宜，做到经济效益、社会效益和环境效益相统一。从事建设工程勘察、设计活动，应当坚持先勘察、后设计、再施工的原则。

建设工程勘察设计合同是委托人与承包人为完成一定的勘察、设计任务，明确相互权利义务而签订的合同。勘察设计的委托人是建设单位或其他有关单位；承包人是持有勘察设计证书的勘察设计单位。建设工程勘察设计合同包括初步设计合同和施工设计合同。初步勘察设计合同是为项目立项进行的初步勘察、设计，为主管部门进行项目决策而成立的合同；施工设计合同是指在项目决策确立之后，为进行具体的施工而成立的设计合同。

建设工程勘察合同是承包方进行工程勘察，发包人支付价款的合同。建设工程勘察单位称为承包方，建设单位或者有关单位称为发包方（也称为委托方）。建设工程勘察合同的标的是为建设工程需要而做的勘察成果。工程勘察是工程建设的第一个环节，也是保证建设工程质量的基础环节。为了确保工程勘察的质量，勘察合同的承包方必须是经国家或省级主管机关批准，持有《勘察许可证》，具有法人资格的勘察单位。建设工程勘察合同必须符合国家规定的基本建设程序，勘察合同由建设单位或有关单位提出委托，经与勘察部门协商，双方取得一致意见，即可签订，任何违反国家规定的建设程序的勘察合同均是无效的。

施工合同是发包人与承包人就完成具体工程建设项目的土地施工、设备安装、设备调试、工程保修等工作内容，明确合同双方权利义务关系的协议。施工合同是建设工程合同的一种，它与其他建设工程施工合同一样是双务有偿合同。施工合同的主体是发包人和承包人。发包人是建设单位、项目法人、发包人，承包人是具有法人资格的施工单位、承建单位、承包人，如各类建筑工程公司、建筑安装公司等。

（2）建设工程设计合同是承包方进行工程设计，委托方支付价款的合同。建设单位或有关单位为委托方，建设工程设计单位为承包方。建设工程设计合同是为建设工程需要而做的设计成果。工程设计是工程建设的第二个环节，是保证建设工程质量的重要环节。工程设计合同的承包方必须是经国家或省级主要机关批准，持有《设计许可证》，具有法人资格的设计单位。只有具备了上级批准的设计任务书，建设工程设计合同才能订立。小型单项工程必须具有上级机关批准的文件方能订立。如果单独委托施工图设计任务，应当同时具有经有关部门批准的初步设计文件方能订立。

（3）建设工程施工合同是工程建设单位与施工单位，也就是发包方与承包方以完成商定的建设工程为目的，明确双方相互权利义务的协议。建设工程施工合同的发包方可以是法人，也可以是依法成立的其他组织或公民，而承包方必须是法人。

5.2　合　同　管　理

工程合同属于经济合同的范畴，受经济和刑法法则的约束，合同管理主要是指项目管理人员根据合同进行工程项目的监督，是法学、经济学理论和管理科学在组织实施合同中的具体运用。

5.2.1　合同管理的主要内容

在市场经济中，财务的流转主要依靠合同。特别是对于工程建设项目，其标的大、工期长、协调关系多，因此合同尤为重要。我国在工程建设领域积极推行项目法人责任制、招标投标制和建设监理制，以深化基本建设管理体制改革。推行这三项制度其目的就是要改革旧的管理体制和运行机制，明确建设的主体及其责任，提高建设项目的管理水平，使竞争机制成为建设市场的主要交易方式，提高投资效益，保证工程质量，从而建立适应社会主义市场经济发展的建设管理体制。因此，建设市场中的行为主体包括建设单位、勘察设计单位、施工单位、咨询单位、监理单位、材料设备供应单位等，均要依靠合同确立相互之间的民事权利义务关系。

在新的建设管理体制中，建设的行为主体是项目法人。项目法人对其项目的策划、资金筹措、建设实施、生产经营、偿还债务以及资产的增值保值全面负责，并承担全部投资风险。项目法人通过招标的方式选择勘察、设计、施工、咨询、监理、材料供应等单位，并与之签订合同，通过合同明确各方的权利义务关系。这些权利、义务的关系以及它们的实现是靠合同的约定和法律的保障，而不是靠行政命令。建设各方是以合同为纽带连在一起的。他们的一切行为均应以合同为准则，而他们的利益也主要靠合同得到法律保护。所以必须建立、健全合同法律、法规体系，加强建设工程合同管理工作，强化参与工程建设者的合同意识，保证依法订立的合同全面履行。只有这样，才能保证我国建设市场正常有序运行。

改革开放以来，我国利用的世界银行贷款项目、亚洲开发银行贷款项目、日本海外经济协力基金贷款项目以及其他中外合资、外商独资项目等日趋增加，所以在这些工程建设涉外业务中，都要求按国际管理要求进行管理，要实行国际公开招标，推行建设监理制，采用国际通用的合同条款，进行严格的合同管理等。特别是我国加入世界贸易组织（WTO）后，对外开放的规模继续扩大，力度不断加强，国际工程建设项目也越来越多，管理这些项目对我们提出了更高的要求。所以我们要在适应和掌握国际惯例、熟悉和运用国际咨询工程师联合会（FIDIC）条款等国际通用合同条款的基础上，更好地实施工程建设的合同管理，这是我国进一步扩大对外开放的需要，也是我国经济走向世界经济大循环的需要。合同管理流程图见图 5-2。

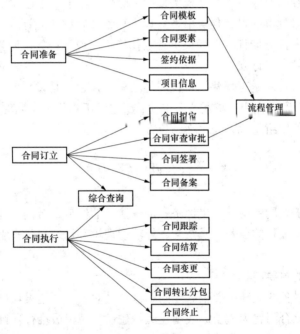

图 5-2　合同管理流程图

5.2.2　建设工程管理的重要性及意义

建设工程合同管理是市场经济和工程建设管理中一项十分重要的内容。在工程项目的建筑过程中其主体的行为必定会形成各个方面的社会关系，如政府建筑管理机关、项目法人单位、设计单位、施工单位、监理单位、材料设备供应商等。其中除了政府管理机关是依据法律、法规对工程建设主体行使行政监督管理外，其他各方面社会关系却是通过"合同"这一契约关系来完成的。工程建设活动的质量、投资和进度都是在合同管理的调整、保护和制约下进行的，建设工程合同管理的特点是涉及面广、综合性强。其重要性和意义表现在以下几个方面：

（1）社会主义市场经济的要求。市场经济的一个重要特征是依法办事和鼓励自由竞争，合同管理就是法制（合同法、建筑法等）管理。

（2）现代企业自身发展要求。现代企业产权明晰、权责明确、政企分开、科学管理。建筑工程合同中的施工合同是业主与建筑施工企业进行工程发包和承包的重要法律形式，是工程施工、监理和验收的重要法律依据，是建筑施工企业走向市场的桥梁和纽带。另外合同的内容也直接关系双方的根本利益。

（3）强化合同管理，提高履约率。

（4）合同管理对开拓国际市场，尽快与国际接轨有着十分重要的意义。

5.2.3 加强建设工程合同管理的措施

（1）把好合同签订关，合同签订审核规范化。企业签订工程合同时，最重要的是根据各工程的特点，选择恰当的发包方式和价款调整条件。在合同正式签订前应进行严格的审查把关。其要点是施工合同是否合法；业主的审批手续是否完备健全；合同是否需要公证批准；合同是否完整无误（合同文件的完备和合同条款的完备）；合同是否采取了示范文本，与其对照有无差异；合同双方责任和权益是否失衡，确定如何制约；合同实施会带来什么后果，完不成的法律责任是什么，以及如何补救；双方对合同的理解是否一致，发现歧义应及时沟通。

（2）管理合同履行，合同实施交底制度。在施工项目合同管理中，合同交底更为重要，只有按合同施工才能在执行合同时不出或减少偏差。合同依法签订后，通过保证合同实施过程中的日常工作有序进行，使工程建设项目处于受控状态，实现合同目标。建设单位首先要进行合同交底，分解合同责任，按合同的有关条款做质量、进度、投资、安全等目标工作流程图，抓好各目标的事前、事中、事后控制，特别是事前控制。对签订的各项条款必须牢记，找合同履行中可能出现的薄弱环节，提前制定各种减少合同纠纷的预防措施。在工程进展中，通过检查发现合同执行过程中存在的问题，并根据法律、法规和合同的规定加以解决，以提高合同的履约率。

（3）做好合同实施管理，加强合同变更管理，使合同索赔研究程序化。在合同变更中，最频繁的是工程变更，因为它在工程索赔中所占的份额最大。合同变更意味着可能产生索赔机会，所以必须加强合同变更管理。合同管理人员应记录、收集整理所涉及的各种文件，如图纸、会议纪要、技术说明、规范和业主的变更指令，并对变更部分的内容进行审查和分析，以作为工程变更调整费用、工程索赔的基本依据。

工程合同一经签订，在确定了合同价款和结算方式之后，影响工程造价的主要因素便是工程设计变更或签证，以及工程实施过程中的不确定因素。理解合同的每一个条款，做好处理合同纠纷的各种准备，特别是索赔与反索赔的研究在工程造价控制管理中是非常重要的，是合同管理的一个重要内容，是合同双方攻与守的关系，是矛与盾的关系。工程发承包的实践经验证明，没有一个承包商不要求索赔，即要求调增合同价款，因此，要搞好工程造价控制，就必须进行索赔与反索赔的研究。

（4）重视合同签订后的总结。合同管理的总结往往不为人所重视，其实合同总结是件很重要的工作，它是对合同好坏、管理得失的评估，它可以为下一工程项目造价控制提供可借鉴的经验，对合同管理好的经验加以总结推广，对不严谨、容易被对方索赔的条款要加以改正。如此才能在合同协议签订方面取得经验，完备了合同管理制度，减少了企业损失及资源浪费。

5.3　项目信息管理

　　项目信息管理是把项目信息作为管理对象，对信息传输进行合理组织和控制。是通过对各个系统、各项工作和各种数据的管理，方便有效地获取、存储、存档、处理和交流项目信息。项目信息管理的目的旨在通过有效的项目信息传输、组织和控制，来进行建设增值服务。

5.3.1　项目信息管理概述

　　项目信息管理是对项目实施过程中涉及的各种情况、情报、文件、记录、资料进行收集、整理、传递、储存等各项工作的总称。项目信息是项目各级决策人员决策的依据，是协调项目各项工作的工具，应力求做到全面、及时、准确。项目信息管理应注意：所有重要的问题都要整理成书面材料；所有重要的文件、信函、图纸、资料都要分类编号归档；项目内部传递的文件要有统一格式，做到一目了然，要规定文件的发送范围和处理范围，涉及预算的要有项目经理签字才能生效，发往客户的信函要经过项目经理签字才能发出；必须及时通报项目进展状况，使有关人员了解项目全面情况。

　　由于工程项目的实施阶段所处环境具有分散性以及动态性的特点，导致难以有效实现信息收集与整合，由此可见，建设工程项目在实施阶段的信息管理复杂度要远远高于项目其他阶段。不仅如此，良好的工程项目信息管理对建设工程的成败有着重大影响。因此，我们必须对建设施工项目的施工信息管理给予高度重视。工程项目的生命周期大致可分为以下几个阶段，即筹划阶段、实施阶段、营运阶段等。绝大多数工程项目都有一些共同的特点，例如工程项目的信息繁杂、庞大，施工周期长，规模较大，管理难度大等。近年来工程项目信息处理量越来越大，成本逐年上升，进度和质量要求也越来越高。

　　一般情况下，项目信息的处理程序可分为三个阶段，也就是建设项目施工之前、建设项目施工期间以及完工后的档案建立。在不同阶段，建设工程项目信息管理的内容并不完全相同。具体来说，不同阶段的内容主要包括以下几个方面：

　　（1）施工前：在该阶段，项目施工管理人员会将例如建筑设计、结构设计等诸多内容转换为施工信息。换句话说，在该阶段，设计单位会将建筑施工设计的相关资料交给承包商，资料包括工程图文件等，如果单纯拿工程图文件，建筑施工人员是难以将工程建设出来的，所以，承包商必须在工程建设之前也就是施工前将所有的图纸转变为数据，以此来满足工程建设人员的施工需求。

　　（2）施工期间：该阶段的信息管理工作涵盖范围非常广泛，包括实现设计单位和承包商之间的信息传递，以及对建筑工程项目执行情况的记录。建设工程项目信息管理在该阶段的主要任务就是为管理者的工程项目管理提供必要的数据支持，这样做能够使管理者更好地实现质量控制、成本控制、进度控制，保障建设工程项目的顺利开展。

　　（3）完工后的建档阶段：该阶段的信息管理主要是为了给业主后续设施的营运与维护提供必要的依据，这样做能够有效提高建设工程项目的生产绩效。如果深入挖掘该阶段信息的主要来源，我们不难发现原有的工程图文件以及合约文件才是信息的主要来源，由此可见，信息的内容应当以工程图文件以及合约文件的内容为主要内容。在建设工程的实施过程中，我们除了要处理原始设计图文件以及合约文件外，还要着重以满足建设施工需求为主要目的，为其提供必要的图文数据，并在此基础上实现参与团队之间的信息交换以及信息传递，从而保障建设项目工程的顺利完成。虽然，近年来，我国建设工程的项目信息管理开始应用诸多软件程序，实现了文件交换与共享方法的进一步完善，取得了一定的效果，但是仍然存在一些问题。造成这些问题的主要原因在于现阶段，建设工程项目的信息管理所应用的软件仅仅局限于支持末端用户在业务上的作业需求，也就是说在信息的处理与传递上仍然没有标准的作业方式。

5.3.2　项目信息管理的内容

项目信息管理系统有两种类型：人工管理信息系统和计算机管理信息系统。项目信息管理的主要内容有项目信息收集、项目信息加工、项目信息传递。

（1）项目信息收集。项目信息收集是项目信息管理各环节中关键的第一步，是后续各环节得以开展的基础。全面、及时、准确地识别、筛选、收集原始数据是确保信息正确性与有效性的前提。面对复杂的信息世界，在数据收集过程中，应坚持目的性、准确性、适用性、系统性、及时性、经济性等原则，紧紧围绕信息收集，以尽可能经济的方式准确、及时、系统、全面地收集适用的数据。

信息的来源主要有内部信息和外部信息两类。信息收集的方法也是多种多样，概括起来主要有网上调查法、出版资料查询法、内部资料收集法、口头询问或书面询问法、传媒收听法、专家咨询法、现场观察法、试验法、有偿购买法、信息员采集法等。

（2）项目信息的加工。信息的加工过程主要有鉴别真伪、分类整理、加工分析和编辑与归档保存四个步骤。

（3）项目信息传递。信息传递也称信息传输，是将信息以信息流的形式传递给信息的需求者。项目的组织机构设置是项目内部信息传递的基本渠道。

对于周期短、规模小的项目，项目信息管理没有必要在项目运作的业务流程中单独构成一个独立的管理环节。但是对于周期较长、规模较大的项目，信息管理对于项目的成功将起到重要作用。项目信息管理组织机构的规划原则主要有：

1）大型建设项目，在项目的组织和资源规划中必须设立专门的信息管理机构，部门名称可以叫项目信息中心或项目信息办公室。

2）成立以项目总经理为核心的项目信息管理系统建设领导小组，统一规划部署项目信息化工作。

3）在项目的计划、财务、合同、物资、档案、质量、办公室等职能部门设立部门级项目信息员。

4）目前大型建设项目的信息管理系统的建设费用在每个行业的项目划分和投资估算中没有专门列编，许多建设单位从总预备费或办公管理费用中列支计算机网络、数据库、项目管理软件等的采购费用。

5.4　项目管理信息系统

项目管理信息系统能够进行费用估算，并通过收集相关信息计算挣得值和绘制 S 曲线，能够进行复杂的时间和资源调度，还能够进行风险分析和形成适宜的不可预见费用计划等。例如，项目计划图表的绘制，项目关键路径的计算、项目成本的核算、项目计划的调整、资源平衡计划的制定与调整以及动态控制等都可以借助于项目管理信息系统。

项目管理信息系统中采用的方法即项目管理的方法，主要是运用动态控制原理，对项目管理的投资、进度和质量方面的实际值与计划值相比较，找出偏差，分析原因，采取措施，从而达到控制效果。因此，项目管理信息系统主要包括项目投资控制、进度控制、质量控制、合同管理和系统维护等功能模块。

5.4.1 项目管理信息系统概述

项目管理信息系统的基本结构包括系统的范围、外部基本结构与处理流程、内部基本结构与处理流程 3 部分。项目管理信息系统的范围与外部处理流程实质上是项目生命周期在信息管理过程中的逻辑展开，项目管理信息系统的内部基本结构与处理流程是项目管理职能在信息处理过程中的客观反映。项目管理信息系统的性能、效率和作用首先不取决于系统的内部结构与功能，而取决于系统的外部接口结构与环境，这是项目管理信息系统区别于企业管理信息系统的特点与规律。

1. 项目管理信息系统的范围与外部处理流程规划

正确规划项目管理信息系统的外部结构与功能，首先必须正确建立项目信息源的总体结构与处理流程。例如，一个较大型建设项目的信息管理范围涵盖了项目业主、规划设计单位、勘察设计单位、技经设计单位、主管部门（规划、建设、土地、计划、环保、质检、金融、工商等）、施工单位、设备制造与供应商、材料供应商、调试单位、监理单位等众多项目参与方（信息源），每个项目参与方既是项目信息的供方（源头），又是项目信息的需方（用户），每个项目参与方由于其在项目生命周期中所处的阶段与工作不同，相应的项目管理信息系统的结构和功能也会有所不同。

对于投资业主，必须在项目概念阶段对项目管理信息系统的内部信息处理流程和外部信息供需关系进行战略规划与设计。对于外部信息需求，必须在招标文件中向所有供应商明确指明本项目信息系统拟采用的网络平台、数据库平台、安全控制平台等系统特性；对于项目管理中常用的工具软件，如项目计划编制软件、财务软件、进度控制软件、图纸档案管理软件等，必须明确指明业主拟采购的厂商、版本号及数据接口。必须在全部采购开始之前，按照标准化要求统一规范项目管理信息系统外部处理流程，业主项目管理信息系统的范围与外部处理流程规划设计报告必须作为全部采购招标文件的重要附件和当然标的。

2. 项目管理信息系统的内部基本结构与处理流程规划

（1）项目管理信息系统的内部结构。大型建设项目管理信息系统从内部功能上一般包括项目进度信息、造价信息、质量信息、安全信息、合同信息、财务信息、物料信息、图档信息、办公与决策信息等管理系统和管理功能，但处于不同项目生命周期阶段的信息系统，其核心功能和目标会有所侧重和区别。如对于规划阶段的项目设计管理信息系统，图档处理是系统的核心功能；对于实施阶段的业主项目管理信息系统，项目进度、质量和造价三大控制信息的一体化集成处理是系统的主要目标；对于实施阶段的项目管理信息系统，质量信息的实时采集与监控是系统的核心目标。

（2）项目管理信息系统的处理流程规划。由于系统的结构与功能目标的差异，不同项目生命周期的项目管理信息系统的内部处理流程也有所不同。一般来讲，项目业主管理信息系统内部处理流程的规划设计原则：将施工机具需求计划等项目资源计划，作为项目管理控制的基本预期目标。以实际进度、实际财务数据为依据，动态产生实际的人力、资金、物料、机具等资源支出消耗数据，并自动与指导性目标数据相比较，为后续的合同结算、成本控制提供动态、实时的信息和依据。

物料需求计划的编码与采购合同的编码必须一一对应；项目财务信息管理系统的科目设置与概预算项目划分编码一一对应；采购合同编码与概预算编码及财务科目编码在连接点上必须一一对应。从而合同的财务支付数据可以按时间自动实现月度、季度、年度的资金需求汇总，也可以按项目进行自动汇总并与指导性的概预算资源计划目标进行动态对比分析，生成动态的资金需求与费用分析报告。

质量验评项目范围与图纸档案的立卷编码和文件包编码一一对应；质量管理部门的验评数据自动汇总成分段工程、分部工程、分项工程和单位工程验收文档，并与图纸档案管理系统数据共享，自动立卷归档，形成数字化项目技术档案。

3. 系统功能

项目管理：对正在实施的项目进行全程集中管理，包括项目信息管理、项目计划管理、项目验收管理等。

（1）项目申报：对正在申报的项目进行集中管理。

（2）项目追踪：对项目关键点、里程碑进行跟踪监控，实时收集项目执行涉及的问题、变更、资源利用情况、成本等信息，进行项目的完成状态分析，包括挣值分析、任务变更影响度分析等。

（3）项目联系与知识管理：统一管理各项目的联系人信息、项目成果、著作权、过程文档资料。

5.4.2　项目管理信息的实施

从国内外正反两个方面的项目管理经验可知，周全的项目管理信息系统实施策略有：

（1）一把手带头是项目管理信息系统成功运用的关键。全员参与是项目管理信息系统成功运用的保障。

（2）要以项目管理信息门户网站作为项目管理信息系统的战略目标。

（3）建立不同项目生命周期信息系统之间的数据流程和接口是项目信息系统规划的核心任务和目标。

（4）项目管理信息系统的规划设计必须列入工程项目概念阶段方案拟定和认证的必备内容。

（5）以造价（概预算）、合同、财务管理为主线和重心构建项目信息管理系统。

（6）建立进度项目划分、造价项目划分和质量验评项目划分三者之间编码的统一或对应关系是项目管理信息系统开发的重点和难点。

进度管理、质量管理、造价管理三大信息控制系统在分部工程的项目划分与项目编码上必须严格按照标准化规范设计并一一对应。以施工图设计和概预算数据为基础，以进度计划网络图为工具，自动产生指导性的物料（原材料、设备设施）需求、人力资源需求等。

5.5　FIDIC《施工合同条件》

国际咨询工程师联合会（Fédération internationale des ingénieurs conseils，法文缩写为FIDIC）；中文音译为"菲迪克"；英文名称是 International federation of consulting engineers；

指国际咨询工程师联合会这一独立的国际组织；于 1913 年由欧洲 5 国（挪威、瑞典、丹麦、芬兰和冰岛）独立的咨询工程师协会在比利时根特成立。FIDIC 是国际上最有权威的被世界银行认可的咨询工程师组织。

5.5.1 FIDIC《施工合同条件》的优点

（1）脉络清晰，逻辑性强，承包人和业主之间的风险分担公平合理，不留模棱两可之词，使任何一方都无隙可乘。

（2）对承包人和业主的权利义务和工程师职责权限规定明确，使合同双方的权利义务界限分明，工程师职责权限清楚，避免合同执行中过多的纠纷和索赔事件发生，并起到相互制约的作用。

（3）被大多数国家采用，也被世界大多数承包人熟悉，又系世界银行和其他金融机构推荐，有利于实行国际竞争性招标。

（4）便于合同管理，对保证工程质量，合理地控制工程费用和工期产生良好的效果。

5.5.2 FIDIC《施工合同条件》内容

FIDIC《施工合同条件》继承了 FIDIC 以往合同条件的优点，在原本的《土木工程施工合同条件》的基础上进行重新编写，不仅修改原合同条件，而且从结构到内容均做了较大调整。原本的《土木工程施工合同条件》仅适用于土木工程，FIDIC《施工合同条件》适用于土木建筑工程和安装工程施工。

FIDIC 编制的《土木工程施工合同条件》，是进行工程项目建设，由业主通过竞争性招标选择承包商承包，并委托监理工程师执行监督管理的标准化合同文件范本。该范本包括通用条件、专用条件、投标书及其附件、协议书等。而通用条件一般是固定不变的，共 72 条，194 款，主要内容包括：

（1）涉及权利义务的条款：主要包括业主的权利与义务、工程师的权利与职责、承包商的权利与义务。

（2）涉及工程质量控制的条款：包括严格控制技术标准，材料、设备的检验，施工质量检查与隐蔽工程部分的验收，缺陷责任期的缺陷修复等内容。

（3）涉及工程进度控制的条款：包括工程进度计划的修订，开工、暂时停工和延误，竣工检验及移交证书，缺陷责任期等内容。

（4）涉及工程费用控制的条款：主要包括有关工程计量的规定，有关被迫终止时结算与支付的规定，有关工程变更和价格调整时结算与支付的规定等方面的内容。

（5）涉及管理方面条款：包括合同责任、管理程序、有关担保、保险、索赔的规定等内容。

（6）涉及法规性的条款：包括合同适用法律、争端解决、劳务、有关通知、可能使用的补充条款，如防备贿赂、保密、税收等。

6 水电工程安全、环保和职工职业健康

6.1 职业健康安全管理体系与环境管理体系

6.1.1 职业健康安全管理与环境管理概述

1. 建设工程职业健康安全管理与环境管理的目的和任务

建设工程职业健康安全管理的目的是通过管理和控制影响施工现场工作员工、临时工作人员、合同方人员、访问者和其他人员健康和安全的条件和因素，保护施工现场工作员工和其他可能受工程项目影响人的健康与安全。

建设工程环境管理的目的是通过管理和控制施工现场的各种粉尘、废水、废气、固体废弃物、噪声、振动等对环境造成的污染和危害，考虑能源节约和避免资源浪费，从而保护生态环境，使社会的经济发展与人类的生存环境相协调。

建设工程职业健康安全管理与环境管理的任务是建筑施工企业为达到建设工程职业健康安全管理与环境管理的目的而进行计划、组织、指挥、协调和控制本企业的活动，包括制定、实施、实现、评审和保持职业健康安全方针、环境方针所需的组织机构、计划活动、职责、惯例、程序、过程和资源。不同的建筑施工企业应根据自身的实际情况制定方针，并为实施、实现、评审和保持及持续改进而建立组织机构，策划活动，明确职责，遵守有关法律、法规和惯例，编制程序控制文件，实行过程控制并提供人员、设备、资金和信息资源，保证职业健康安全管理与环境管理任务的完成。

2. 建设工程职业健康安全管理与环境管理的特点

（1）复杂性。建设产品的固定性、施工生产的流动性以及受外部环境影响因素多等决定了建设工程职业健康安全管理与环境管理的复杂性。

（2）多样性。建设产品的多样性、施工生产的单件性、"一次性"决定了建设工程职业健康安全管理与环境管理的多样性，因此，对每个建设工程都要根据其实际情况，制定不同的健康安全管理与环境管理计划。

（3）协调性。建设产品生产过程的连续性和分工性决定了建设工程职业健康安全管理与环境管理的协调性，因此，各工程建设参与单位和各专业人员应加强配合和协调，共同做好建设工程施工生产过程中健康安全管理与环境管理的协调工作。

（4）不符合性。由于建设产品的委托性，即在工程建造前就确定了买主，按建设单位（或业主）特定的要求委托进行生产建造，而由于建设市场供大于求、市场不规范等原因，建设单位（或业主）经常会压低标价，造成施工企业对健康安全管理与环境管理的资金投入不足，不符合健康安全管理与环境管理有关规定和要求，这决定了建设工程职业健康安全管理与环境管理的不符合性。

（5）持续性。建设产品生产的阶段性决定了建设工程职业健康安全管理与环境管理的持续性，因此，应重视一个建设工程的投资决策阶段、设计阶段、施工阶段、竣工验收及保修阶段等各阶段的安全、环境问题，持续不断地对各个阶段可能出现的健康安全问题、环境问

题实施管理。

（6）多样性和经济性。建设产品的时代性、社会性决定建设工程环境管理的多样性、经济性。

6.1.2 职业健康安全管理体系与环境管理体系的建立与运行

1. 职业健康安全管理体系与环境管理体系的建立步骤

（1）领导决策。最高管理者亲自决策，以便获得各方面的支持和在体系建立过程中所需的资源保证。

（2）成立工作组。最高管理者或授权管理者代表成立的工作小组负责建立体系。工作小组的成员要覆盖组织的主要职能部门，组长最好由管理者代表担任，以保证小组对人力、资金、信息的获取。

（3）人员培训。培训的目的是使有关人员了解建立体系的重要性，了解标准的主要思想和内容。

（4）初始状态评审。初始状态评审是对组织过去和现在的职业健康安全与环境的信息、状态进行收集、调查分析、识别和获取现有的适用的法律、法规和其他要求，进行危险源辨识和风险评价、环境因素识别和重要环境因素评价。评审的结果将作为确定职业健康安全与环境方针、管理方案、编制体系文件的基础。初始状态评审的内容包括：

1）辨识工作场所中的危险源和环境因素。

2）明确适用的有关职业健康安全与环境法律、法规和其他要求。

3）评审组织现有的管理制度，并与标准进行对比。

4）评审过去的事故，进行分析评价，以及检查组织是否建立了处罚和预防措施。

5）了解相关方对组织在职业健康安全与环境管理工作的看法和要求。

（5）制定方针、目标、指标和管理方案。方针是组织对其职业健康安全与环境行为的原则和意图的声明，也是组织自觉承担其责任和义务的承诺。方针不仅为组织确定了总的指导方向和行动准则，而且是评价一切后续活动的依据，并为更加具体的目标提供一个框架。

职业健康安全及环境目标、指标的制定是组织为了实现其在职业健康安全及环境方针中所体现出的管理理念及其对整体绩效的期许与原则，与企业的总目标相一致，目标和指标制定的依据和准则如下：

1）依据并符合方针。

2）考虑法律、法规和其他要求。

3）考虑自身潜在的危险和重要环境因素。

4）考虑商业机会和竞争机遇。

5）考虑可实施性。

6）考虑监测考评的现实性。

7）考虑相关方的观点。

管理方案是实现目标、指标的行动方案。为保证职业健康安全和环境管理体系目标的实现，需结合年度管理目标和企业客观实际情况，策划制定职业健康安全和环境管理方案，方案中应明确旨在实现目标指标的相关部门的职责、方法、时间表以及资源的要求。

（6）管理体系策划与设计。体系策划与设计是依据制定的方针、目标和指标、管理方案确定组织机构职责和筹划各种运行程序。文件策划的主要工作有：

1）确定文件结构。

2）确定文件编写格式。

3）确定各层文件名称及编号。

4）制定文件编写计划。

5）安排文件的审查、审批和发布工作。

（7）体系文件编写。体系文件包括管理手册、程序文件、作业文件四个层次。

1）体系文件编写的原则。职业健康安全与环境管理体系是系统化、结构化、程序化的管理体系，是遵循 PDCA 管理模式并以文件支持的管理制度和管理办法。

体系文件编写应遵循的原则：标准要求的要写到、文件写到的要做到、做到的要有效记录。

2）管理手册的编写。管理手册是对组织整个管理体系的整体性描述，它为体系的进一步展开以及后续程序文件的制定提供了框架要求和原则规定，是管理体系的纲领性文件。手册可使组织的各级管理者明确体系概况，了解各部门的职责权限和相互关系，以便统一分工和协调管理。

管理手册除了反映了组织管理体系需要解决的问题所在，也反映出了组织的管理思路和理念。同时也向组织内外部人员提供了查询所需文件和记录的途径，相当于体系文件的索引。其主要内容包括：

a. 方针、目标、指标、管理方案。

b. 管理、运行、审核和评审工作人员的主要职责、权限和相互关系。

c. 关于程序文件的说明和查询途径。

d. 关于管理手册的管理、评审和修订工作的规定。

3）程序文件的编写。程序文件的编写应符合以下要求：

a. 程序文件要针对需要编制程序文件体系的管理要素。

b. 程序文件的内容可按"4W1H"的顺序和内容编写，即明确程序中管理要素由谁（who），什么时间做（when），在什么地点做（where），做什么（what），怎么做（how）。

c. 程序文件一般格式可按照目的和适用范围、引用的标准及文件、术语和定义、职责、工作程序、报告和记录的格式以及相关文件等的顺序来编写。

4）作业文件的编制。作业文件是指管理手册、程序文件之外的文件，一般包括作业指导书（操作规程）、管理规定、监测活动准则及程序文件引用的表格。其编写的内容和格式与程序文件的要求基本相同。在编写之前应对原有的作业文件进行清理，摘其有用，删除无关。

（8）文件的审查、审批和发布。文件编写完成后应进行审查，经审查、修改、汇总后进行审批，然后发布。

2. 职业健康安全管理体系与环境管理体系的运行

（1）管理体系的运行。体系运行是指按照已建立体系的要求实施，其实施的重点围绕培训意识和能力，信息交流，文件管理，执行控制程序，监测，不符合、纠正和预防措施，记录等活动推进体系的运行工作。上述运行活动简述如下。

1）培训意识和能力。由主管培训的部门根据体系、体系文件（培训意识和能力程序文件）的要求，制定详细的培训计划，明确培训的组织部门、时间、内容、方法和考核要求。

2）信息交流。信息交流是确保各要素构成一个完整的、动态的、持续改进的体系和基础，应关注信息交流的内容和方式。

3）文件管理。

a. 对现有有效文件进行整理编号，以便查询索引。

b. 对适用的规范、规程等行业标准应及时购买补充，对适用的表格要及时发放。

c. 对在内容上有抵触的文件和过期的文件要及时作废并妥善处理。

4）执行控制程序文件的规定。体系的运行离不开程序文件的指导，程序文件及其相关的作业文件在组织内部都具有法定效力，必须严格执行，才能保证体系正确运行。

5）监测。为保证体系正确有效运行，必须严格监测体系的运行情况。监测中应明确监测的对象和监测的方法。

6）不符合、纠正和预防措施。体系在运行过程中，不符合的出现是不可避免的，包括事故也难免要发生，关键是相应的纠正与预防措施是否及时有效。

7）记录。在体系运行过程中及时按文件要求进行记录，如实反映体系运行情况。

（2）管理体系的维持。

1）内部审核。内部审核是组织对其自身的管理体系进行的审核，是对体系是否正常进行以及是否达到了规定的目标所做的独立的检查和评价，是管理体系自我保证和自我监督的一种机制。内部审核要明确提出审核的方法和步骤，形成审核日程计划，并发至相关部门。

2）管理评审。管理评审是由组织的最高管理者对管理体系的系统评价，判断组织的管理体系面对内部情况的变化和外部环境是否充分适应、有效，由此决定是否对管理体系做出调整，包括方针、目标、机构和程序等。管理评审中应注意以下问题：

a. 信息输入的充分性和有效性。

b. 评审过程充分严谨，应明确评审的内容和对相关信息的收集、整理，并进行充分地讨论和分析。

c. 评审结论应清楚明了、表述准确。

d. 对评审中提出的问题应认真整改。

3）合规性评价。为了履行合规性承诺，合规性评价分为公司级和项目组级评价两个层次。

项目组级评价，由项目经理组织有关人员对施工中应遵守的法律、法规和其他要求的执行情况进行一次合规性评价。当某个阶段施工时间超过半年时，合规性评价不少于一次。项目工程结束时应针对整个项目工程进行系统地合规性评价。

公司级评价每年进行一次，制定计划后由管理者代表组织企业相关部门和项目组，对公司应遵守的法律、法规和其他要求的执行情况进行合规性评价。

各级合规性评价后，对不能充分满足要求的相关活动或行为，通过管理方案或纠正措施等方式进行逐步改进。上述评价和改进的结果，应形成必要的记录和证据，作为管理评审的输入。

管理评审时，最高管理者应结合上述合规性评价的结果，企业的客观管理实际，相关法律、法规和其他要求，系统评价体系运行过程中对适用法律、法规和其他要求的遵守执行情况，并由相关部门或最高管理者提出改进要求。

6.2 施工安全生产管理

6.2.1 安全管理机构制度与职责

1. 安全生产管理机构

施工现场应按建设工程规模设置安全生产管理机构或配专职安全生产管理人员，建设工程项目应当成立以施工总承包单位项目经理负责的安全生产管理小组，小组成员应包括企业派驻到项目的专职安全生产管理人员，并建立以施工总承包单位项目经理部、各专业承包单位、专业公司和施工作业班组参与的"纵向到底，横向到边"的安全生产管理组织网络。

按《建设工程安全生产管理条例》规定，施工单位应设立各级安全生产管理机构，配备专职安全生产管理人员。安全生产管理机构和专（兼）职安全生产管理人员是指协助施工单位各级负责人执行安全生产方针、政策和法律、法规，实现安全管理目标的具体工作部门和人员。施工单位应设立各级安全生产管理机构，配备与其经营规模相适应的，具有相关技术职称的专职安全生产管理人员。在相关部门设兼职安全生产管理人员。在班组设兼职安全员。施工单位各管理层应设安全生产管理机构，配备专职安全生产管理人员。

根据《建筑施工企业安全生产管理机构设置及专职安全生产管理人员配备办法》（以下简称《配备办法》）规定，建筑施工总承包企业安全生产管理机构内的专职安全生产管理人员应当按企业资质类别和等级足额配备，根据企业生产能力或施工规模，专职安全生产管理人员人数至少为：

（1）集团公司：1 人/（百万平方米·年）（生产能力）或每十亿施工总产值·年，且不少于 4 人。

（2）工程公司（分公司、区域公司）：1 人/（十万平方米·年）（生产能力）或每一亿施工总产值·年，且不少于 3 人。

（3）专业公司：1 人/（十万平方米·年）（生产能力）或每一亿施工总产值·年，且不少于 3 人。

（4）劳务公司：每 50 名施工人员需 1 名专职安全生产管理人员。

2. 安全管理职责

按 GB/T 50326—2017《建设工程项目管理规范》和《配备办法》的规定，项目经理、安全员、作业队长、班组长、操作工人、分包人等人的安全职责如下：

（1）项目经理安全职责。

1）认真贯彻安全生产方针、政策、法规和各项规章制度，制定和执行安全生产管理办法，严格执行安全考核指标和安全生产奖惩办法，严格执行安全技术措施审批和安全技术措施交底制度。

2）定期组织安全生产检查和分析，针对可能产生的安全隐患，制定相应的预防措施。

3）当施工过程中发生安全事故时，项目经理必须按安全事故处理的有关规定和程序及时上报和处置，并制定防止同类事故再次发生的措施。

（2）安全员安全职责。

1）施工现场安全生产巡视督查，并做好记录。

2）落实安全设施的设置。

3）对施工全过程的安全情况进行监督，纠正违章作业，配合有关部门排除安全隐患，组织安全教育和全员安全活动，监督劳保用品质量和正确使用。

（3）作业队长安全职责。

1）向作业人员进行安全技术措施交底，组织实施安全技术措施。

2）对施工现场安全防护装置和设施进行验收。

3）对作业人员进行安全操作规程培训，提高作业人员的安全意识，避免产生安全隐患。

4）当发生重大或恶性工伤事故时，应保护现场，立即上报并参与事故调查处理。

（4）班组长安全职责。

1）安排施工生产任务时，向本工种作业人员进行安全技术措施交底。

2）严格执行本工种安全技术操作规程，拒绝违章指挥。

3）作业前应对本次作业所使用的机具、设备、防护用具及作业环境进行安全检查，消除安全隐患，检查安全标牌是否按规定设置，标识方法和内容是否正确、完整。

（5）操作工人安全职责。

1）认真学习并严格执行安全技术操作规程，不违规作业。

2）自觉遵守安全生产规章制度，执行安全技术交底和有关安全生产的规定。

3）服从安全监督人员的指导，积极参加安全活动。

4）爱护安全设施，正确使用防护用具。

5）对不安全作业提出意见，拒绝违章指挥。

（6）承包人对分包人的安全责任。

1）审查分包人的安全生产许可证、企业资质和安全管理体系，不应将工程分包给不具备安全生产许可证、企业资质的分包人。

2）在分包合同中应明确分包人安全生产的责任和义务。

3）对分包人提出安全要求，并认真监督、检查。

4）对违反安全规定、冒险蛮干的分包人，应令其停工整改。

5）承包人应统计分包人的伤亡事故，按规定上报，并按分包合同约定协助处理分包人的伤亡事故。

（7）分包人安全责任。

1）分包人对本施工现场的安全工作负责，认真履行分包合同规定的安全生产职责。

2）遵守承包人的有关安全生产制度，服从承包人的安全生产管理，及时向承包人报告伤亡事故并参与调查，处理善后事宜。

（8）施工单位项目经理部项目总工程师的安全职责。

1）对建设工程安全生产负技术责任。

2）贯彻执行安全生产法律、法规与方针政策，严格执行施工安全技术规程、规范、标准。

3）结合工程项目特点，主持工程项目施工安全策划工作，识别、评价施工现场危险源与环境因素，参加或组织编制施工组织设计（专项施工方案）、工程施工安全计划；审查针对性的安全技术措施，保证其可行性与针对性，并随时检查、监督、落实及主持工程项目的安全技术交底工作。

4）主持制定技术措施计划和季节性施工方案的同时，制定相应的安全技术措施并监督执行，及时解决执行中出现的问题；工程项目应用新材料、新技术、新工艺时要及时上报，经批准后方可实施；要组织上岗人员的安全技术教育培训，认真执行相应的安全技术措施与安全操作工艺、要求。

5）主持安全防护设施和设备的验收。发现安全防护设施和设备出现不正常情况时，应及时采取措施，严格控制不符合要求的安全防护设施、设备投入使用。

6）参加安全检查，对施工中存在的不安全因素，从技术方面提出整改意见和办法。

7）参加或配合因工伤亡、严重安全隐患的调查，从技术角度分析事故原因，提出防范措施与意见。

6.2.2　安全管理技术措施及安全检查

1. 建设工程施工安全技术措施计划

（1）建设工程施工安全技术措施计划的主要内容包括工程概况、控制目标、控制程序、组织机构、职责权限、规章制度、资源配置、安全措施、检查评价和奖惩制度等。

（2）编制施工安全技术措施计划时，对于某些特殊情况应予以考虑。

1）对于结构复杂、施工难度大、专业性较强的工程项目，除制定项目总体安全保证计划外，还必须制定单位工程或分部分项工程的安全技术措施。

2）对于高处、井下等专业性强的作业，以及电器、压力容器等特殊工种作业，应制定单项安全技术规程，并应对管理人员和操作人员的安全作业资格和身体状况进行检查。

（3）制定和完善施工安全操作规程，编制各施工工种，特别是危险性较大工种的安全操作要求，将其作为规范和检查考核员工安全生产行为的依据。

（4）施工安全技术措施。施工安全技术措施包括安全防护设施的设置和安全预防措施，主要有17个方面的内容：防火、防毒、防爆、防洪、防尘、防雷击、防触电、防坍塌、防物体打击、防机械伤害、防起重设备滑落、防高空坠落、防交通事故、防寒、防暑、防疫和防环境污染方面措施。

2. 项目安全检查

工程项目安全检查的目的是为了消除隐患、防止事故、改善劳动条件，以及提高员工安全生产意识，是安全控制工作的一项重要内容。通过安全检查可以发现工程中的危险因素，以便有计划地采取措施，保证安全生产。施工项目的安全检查应由项目经理定期组织进行。

（1）安全检查的类型。安全检查可分为日常性检查、专业性检查、季节性检查、节假日前后的检查和不定期检查。

1）日常性检查。日常性检查即经常、普遍地检查。企业一般每年进行1～4次；工程项目组、车间、科室每月至少进行一次；班组每周、每班次都应进行检查。专职安全技术人员应该有计划地针对重点部位进行日常检查。

2）专业性检查。专业性检查是针对特种作业、特种设备、特殊场所进行的检查，如电焊、气焊、起重设备、运输车辆、锅炉压力容器、易燃易爆场所等。

3）季节性检查。季节性检查是指根据季节特点，为保障安全生产的特殊要求而进行的检查。如春季风大，要着重防火、防爆；夏季高温、多雨、多雷电，要着重防暑、降温、防汛、防雷击、防触电；冬季着重防寒、防冻等。

4）节假日前后的检查。节假日前后的检查是针对节假日期间容易产生麻痹思想的特点而进行的安全检查，包括节日前进行安全生产综合检查，节日后进行的遵章守纪检查等。

5）不定期检查。不定期检查是指在工程或设备开工和停工前，检修中，工程或设备竣工及试运转时进行的安全检查。

（2）安全检查的注意事项。

1）安全检查要深入基层，紧紧依靠职工，坚持领导与群众相结合的原则，组织好检查工作。

2）建立检查的组织领导机构，配备适当的检查力量，挑选具有较高技术业务水平的专业人员参加。

3）做好检查的各项准备工作，包括思想、业务知识、法规、政策，以及检查所需设备、奖金的准备。

4）明确检查的目的和要求。既要严格要求，又要防止一刀切，要从实际出发，分清主、次矛盾，力求实效。

5）把自查与互查有机结合起来，基层以自检为主，企业内相应部门为互相检查，取长补短，相互学习和借鉴。

6）坚持查改结合。检查不是目的，只是一种手段，整改才是最终目的。发现问题要及时采取切实有效的防范措施。

7）建立检查档案。结合安全检查表的实施，逐步建立健全检查档案，收集基本的数据，掌握基本安全状况，为及时消除隐患提供数据，同时也为以后的职业健康安全检查奠定基础。在制定安全检查表时，应根据用途和目的具体确定安全检查表的种类。安全检查表的主要种类有设计用安全检查表、厂级安全检查表、车间安全检查表、班组及岗位安全检查表、专业安全检查表等。制定安全检查表要在安全技术部门的指导下，充分依靠职工进行。初步制定出来的检查表要经过群众讨论，反复试行，再加以修订，最后由安全技术部门审定后方可正式实行。

（3）安全检查的主要内容包括查思想、查管理、查隐患、查整改和查事故处理。安全检查的重点是违章指挥和违章作业。安全检查后应编制安全检查报告，说明已达标项目，未达标项目，存在问题，原因分析，纠正和预防措施。

（4）项目经理部安全检查的主要规定如下：

1）项目经理部应组织项目经理定期对安全控制计划的执行情况进行检查、考核和评价。对施工中存在的不安全行为和隐患，对作业中存在的不安全行为和隐患，签发安全整改通知，项目经理部应分析原因并制定相应整改防范措施，实施整改后应复查。

2）项目经理部应根据施工过程的特点和安全目标的要求，确定安全检查内容。

3）项目经理部安全检查应配备必要的设备或器具，确定检查负责人和检查人员，并明确检查内容及要求。

4）项目经理部安全检查应采取随机抽样、现场观察、实地检测相结合的方法，并记录检测结果。对现场管理人员的违章指挥和操作人员的违章作业行为应进行纠正。

5）安全检查人员应对检查结果进行分析，找出安全隐患部位，确定危险程度。

6）项目经理部应编写安全检查报告并上报。

6.3　生产安全事故的分类与处理

6.3.1　生产安全事故的分类

生产安全事故是指因生产过程及工作原因或与其相关的其他原因造成的伤亡事故。

（1）按照伤害程度分类，如表6-1所示。

表 6-1 按伤害程度分类

类别	损失工作日
轻伤	1～105 天
重伤	105～6000 天
死亡	≥6000 天

（2）按事故后果严重程度分类，如表6-2所示。

表 6-2 按事故后果严重程度分类

类别	死亡	重伤	经济损失
一般事故	<3 人	<10 人	<1000 万元
较大事故	3～10 人	10～50 人	1000 万～5000 万元
重大事故	10～30 人	50～100 人	5000 万～1 亿元
特别重大事故	≥30 人	≥100 人	≥1 亿元

6.3.2 生产安全事故的预防与应急预案

1. 建设工程施工生产安全事故的预防

（1）产生安全隐患的原因。安全隐患就是指具有潜在的对人身安全或健康构成伤害，造成财产损失或兼具这些的起源或情况。建设工程施工安全隐患是在安全检查及数据分析时发现的，应利用"安全隐患通知单"通知责任人制定预防措施，限期改正，安全员跟踪验证。

由于建设工程施工生产具有产品的固定性，施工周期长，露天作业，体积庞大，施工流动性大，工人整体素质差，手工作业多，体能消耗大，以及产品多样性，施工工艺多变性，施工场地狭窄等特点，导致了施工安全生产作业环境的局限性，作业条件的恶劣性，作业的高空性，安全管理的难度性，个体劳动保护的艰巨性，以及安全管理与安全技术的保证性，立体交叉性等，使得施工生产存在诸多的不安全因素及安全隐患，容易导致安全事故的发生。工程安全隐患、安全事故往往是由于多种原因引起的，尽管每次发生的安全隐患、安全事故的类型各不相同，但通过大量安全隐患、安全事故调查，并采用系统工程学的原理，利用数理统计方法，发现安全隐患、安全事故发生的原因主要是违章所致，其次是勘察、设计得不合理，缺陷，以及其他原因等。

（2）安全隐患原因分析方法。由于影响建设工程安全隐患的因素众多，一个建设工程安全隐患的发生，可能是上述原因之一或是多种原因所致。要分析确定是哪种原因所引起的，必然要对安全隐患的特征、表现，以及其在施工中所处的实际情况和条件进行具体分析。其分析的基本步骤如下：

1）现场调查研究，观察记录全部，必要时拍照，充分了解与掌握引发安全隐患的现象和特征，以及施工现场的环境和条件等。

2）收集、调查与安全隐患有关的全部设计资料、施工资料。

3）指出可能产生安全隐患的所有因素。

4）分析、比较和剖析，找出最可能造成安全隐患的原因。

5）进行必要的计算分析予以论证确认。

6）必要时可征求设计单位、工程监理单位、专家等的意见。

2. 建设工程施工生产安全事故的预防

建设工程施工生产过程中，由于种种主观、客观原因，可能出现施工安全隐患。当发现安全隐患时，施工单位应按以下程序进行处理：

（1）当发现工程施工安全隐患时，安全生产管理人员首先应判断其严重程度，签发"安全隐患通知单"，要求施工人员进行整改，提出整改方案，报项目经理审批后，批复施工人员进行整改处理，必要时应经工程监理单位、设计单位认可，并应对处理结果重新进行检查、验收。

（2）当发现严重安全事故隐患时，项目经理签发工程暂停令，暂时停止施工，必要时应采取安全防护措施并报监理工程师。

（3）施工单位应立即进行严重安全事故隐患的调查，要分析原因，制定纠正和预防措施，制定安全事故隐患整改处理方案，并报监理工程师。

安全事故隐患整改处理方案内容包括：

1）存在安全事故隐患的部位、性质、现状、发展变化、时间、地点等详细情况。

2）与现场调查有关的数据和资料。

3）安全事故隐患原因分析与判断。

4）安全事故隐患处理方案。

5）是否需要采取临时防护措施。

6）确定安全事故隐患整改责任人、整改完成时间和整改验收人。

7）涉及的有关人员和责任及预防该类安全事故隐患重复出现的措施等。

3. 建设工程施工生产安全隐患的应急预案

建设工程施工安全管理的重点之一是加强安全风险分析，及早制定对策和控制措施，强调对建设工程安全事故隐患的处理，安全事故的预防，避免安全事故的发生。要对施工现场各个施工阶段中易发生重大事故的部位、环节进行监控，制定施工现场生产安全事故应急救援预案，建立应急救援预案组织或配备应急救援人员，配备必要的应急救援器材、设备，并定期组织演练。

6.4 文明施工和环境保护

6.4.1 文明施工和环境保护的概念

1. 文明施工与环境保护的概念

（1）文明施工是保持施工现场良好的作业环境、卫生环境和工作秩序。文明施工主要包括以下几个方面。

1）规范施工现场的场容，保持作业环境的整洁卫生。

2）科学组织施工，使生产有序进行。

3）减少施工对周围居民和环境的影响。

4）保证职工的安全和身体健康。

（2）环境保护是按照法律、法规、各级主管部门和企业的要求，保护和改善作业现场的环境，控制现场的各种粉尘、废水、废气、固体废弃物、噪声、振动等对环境的污染和危害。

环境保护也是文明施工的重要内容之一。

2. 文明施工的意义

（1）文明施工能促进企业综合管理水平的提高。保持良好的作业环境和秩序，对促进安全生产、加快施工进度、保证工程质量、降低工程成本、提高经济和社会效益有较大作用。文明施工涉及人、财、物各个方面，贯穿于施工全过程，体现了企业在工程项目施工现场的综合管理水平。

（2）文明施工是适应现代化施工的客观要求。现代化施工更需要采用先进的技术、工艺、材料、设备和科学的施工方案，需要合理组织、严格要求、标准化管理和较好的职工素质等。文明施工能适应现代化施工的要求，是实现优质、高效、低耗、安全、清洁和卫生的有效手段。

（3）文明施工代表企业的形象。良好的施工环境与施工秩序，可以得到社会的支持和信赖，提高企业的知名度和市场竞争力。

（4）文明施工有利于员工的身心健康，有利于培养和提高施工队伍的整体素质。文明施工可以提高职工队伍的文化、技术和思想素质，培养尊重科学、遵守纪律、团结协作的大生产意识，促进企业精神文明建设，还可以促进施工队伍整体素质的提高。

3. 现场环境保护的意义

（1）保护和改善施工环境是保证人们身体健康和社会文明的需要。采取专项措施防止粉尘、噪声和水源污染，保护好作业现场及其周围的环境，是保证职工和相关人员身体健康，体现社会总体文明的重要工作。

（2）保护和改善施工现场环境是消除对外部干扰，保证施工顺利进行的需要。随着人们的法制观念和自我保护意识的增强，尤其在城市中，施工扰民问题反映突出，应及时采取防治措施，减少对环境的污染和对市民的干扰，保护和改善施工现场环境也是施工生产顺利进行的基本条件。

（3）保护和改善施工环境是现代化大生产的客观要求。现代化施工广泛应用新设备、新技术、新的生产工艺，对环境质量要求很高，如果粉尘、振动超标就可能损坏设备，影响设备功能发挥，使设备难以发挥作用。

（4）保护和改善施工环境是节约能源，保护人类生存环境，保证社会和企业可持续发展的需要。人类社会即将面临环境污染和能源危机的挑战。为了保护子孙后代赖以生存的环境条件，每个公民和企业都有责任和义务来保护环境，良好的环境和生存条件也是企业发展的基础和动力。

6.4.2 文明施工的组织与管理

1. 组织和制度管理

（1）施工现场应成立以项目经理为第一责任人的文明施工管理组织。分包单位应服从总包单位的文明施工管理组织的统一管理，并接受监督检查。

（2）各项施工现场管理制度应有文明施工的规定，包括个人岗位责任制、经济责任制、安全检查制度、持证上岗制度、奖惩制度、竞赛制度和各项专业管理制度等。

（3）加强和落实现场文明检查、考核及奖惩管理，可促进施工文明管理工作的提高。检查范围和内容应全面周到，包括生产区、生活区、场容场貌、环境文明及制度落实等内容。检查发现的问题应采取措施整改。

2．收集文明施工的资料并保存

（1）上级关于文明施工的标准、规定、法律、法规等资料。

（2）施工组织设计（方案）中对文明施工的管理规定，各阶段施工现场文明施工的措施。

（3）文明施工的自检资料。

（4）文明施工的教育、培训、考核计划资料。

（5）文明施工的各项记录资料。

3．加强文明施工的宣传和教育

（1）在坚持岗位练兵基础上，要采取派出去、请进来、短期培训、上技术课、登黑板报、广播、看录像和看电视等方法狠抓教育工作。

（2）要特别注意对临时工的岗前教育。

（3）专业管理人员应熟悉掌握文明施工的规定。

4．现场文明施工的基本要求

（1）施工现场必须设置明显的标牌，标明工程项目名称，建设单位，设计单位，施工单位，项目经理和施工现场总代表的姓名，开、竣工日期，施工许可证批准文号等。施工单位负责施工现场标牌的保护工作。

（2）施工现场的管理人员在施工现场应携带证明其身份的证件。

（3）应当按照施工总平面布置图设置各项临时设施。现场堆放的大宗材料、成品、半成品和机具设备不得侵占场内道路及安全防护等设施。

（4）施工现场的用电线路、用电设施的安装和使用必须符合安装规范和安全操作规程，并按照施工组织的设计进行架设，严禁任意拉线接电。施工现场必须设有保证施工安全的夜间照明；危险潮湿场所的照明以及手持照明灯具，必须采用符合安全要求的电压。

（5）施工机械应当按照施工总平面布置图规定的位置和线路设置，不得任意侵占场内道路。施工机械进场须经过安全检查，经检查合格后方能使用。施工机械操作人员必须建立机组责任制，并依照有关规定持证上岗，禁止无证人员操作。

（6）应保证施工现场道路畅通，排水系统处于良好的使用状态，保持场容场貌的整洁，随时清理建筑垃圾。在车辆、行人通行的地方施工，应当设置施工标志，并对沟、井、坎、穴进行覆盖。

（7）必须定期对施工现场的各种安全设施和劳动保护器具进行检查和维护，及时消除隐患，保证其安全有效。

（8）施工现场应当设置各类必要的职工生活设施，并符合卫生、通风、照明等要求。职工的膳食、饮水供应等应符合卫生要求。

（9）应做好施工现场安全保卫工作，采取必要的防盗措施，在现场周边设立围护。

（10）应严格按照《中华人民共和国消防条例》的规定，在施工现场建立和执行防火管理制度，设置符合消防要求的消防设施，并保持完好的备用状态。在容易发生火灾的地区施工，或者在储存、使用易燃易爆器材时，应当采取特殊的消防安全措施。

（11）关于施工现场发生工程建设重大事故的处理，应按照《工程建设重大事故报告和调查程序规定》执行。

5．施工现场空气污染的防治措施

（1）要及时将施工现场的垃圾、渣土清理出现场。

（2）清理高大建（构）筑物的施工垃圾时，要使用封闭式的容器或者采取其他措施处理高空废弃物，严禁凌空随意抛洒。

（3）应指定专人定期洒水清扫施工现场道路，应形成制度，防止道路扬尘。

（4）对于细颗粒散体材料（如水泥、粉煤灰、白灰等）的运输、储存要注意遮盖、密封，防止和减少飞扬。

（5）车辆开出工地要做到不带泥沙，基本做到不洒土、不扬尘，减少对周围环境的污染。

（6）除设有符合规定的装置外，禁止在施工现场焚烧油毡、橡胶、塑料、皮革、树叶、枯草、各种包装物等废弃物品，以及其他会产生有毒、有害烟尘和恶臭气体的物质。

（7）机动车都要安装减少尾气排放的装置，确保符合国家标准的要求。

（8）工地茶炉应尽量采用电热水器，若只能使用烧煤茶炉和锅炉时，应选用消烟除尘型茶炉和锅炉，大灶应选用消烟节能回风炉灶，使烟尘降至允许排放范围为止。

（9）大城市市区的建设工程已不容许搅拌混凝土。在容许设置搅拌站的工地，应将搅拌站封闭严密，并在进料仓上方安装除尘装置，采用可靠措施控制工地粉尘污染。

（10）拆除旧建（构）筑物时，应适当洒水，防止扬尘。

6. 施工过程水污染的防治措施

禁止将有毒有害废弃物进行土方回填。

（1）施工现场搅拌站废水，现制水磨石的污水，电石（碳化钙）的污水必须经沉淀池沉淀合格后再排放，最好将沉淀水用于工地洒水降尘或采取措施回收利用。

（2）现场存放油料，必须对库房地面进行防渗处理。如果采用防渗混凝土地面、铺油毡等措施。使用时，就要采取防油料跑、冒、滴、漏的措施，以免污染水体。

（3）对于施工现场100人以上的临时食堂，污水排放时可设置简易有效的隔油池，定期清理，防止污染。

（4）工地临时厕所、化粪池应采取防渗漏措施。中心城市施工现场的临时厕所可采用水冲式厕所，并有防蝇、灭蛆措施，防止污染水体和环境。

（5）要妥善保管化学用品、外加剂，应库内存放，防止污染环境。

7. 施工现场的噪声控制

（1）噪声的概念。

1）声音与噪声的定义如下。

声音是由物体振动产生的，当频率为20～20000Hz时，作用于人的耳鼓膜而产生的感觉称之为声音。由声构成的环境称为"声环境"。当环境中的声音对人类、动物及自然物没有产生不良影响时，就是一种正常的物理现象。相反，对人的生活和工作造成不良影响的声音就称之为噪声。

2）噪声的分类如下。

a. 噪声按照振动性质可分为气体动力噪声、机械噪声和电磁性噪声。

b. 按噪声来源可分为交通噪声（如汽车、火车、飞机等发出的声音）、工业噪声（如鼓风机、汽轮机、冲床设备等发出的声音）、建筑施工噪声（如打桩机、推土机、混凝土搅拌机等发出的声音）、社会生活噪声（如高音喇叭、收音机等发出的声音）。

3）噪声的危害：噪声是具有广泛影响的环境污染问题。噪声环境可以干扰人的睡眠与工作，影响人的心理状态与情绪，造成人的听力损失，甚至引起许多疾病，此外噪声对人们的对话干扰也是相当大的。

（2）施工现场噪声的控制措施。噪声控制技术可从声源、传播途径、接收者防护、严格控制人为噪声和控制强噪声作业时间等方面来考虑。

1）声源控制。从声源上降低噪声，是防止噪声污染的最根本的措施。

a. 尽量采用低噪声设备和工艺代替高噪声设备与加工工艺，如低噪声振捣器、风机、电动空气压缩机和电锯等。

b. 在声源处安装消声器消声，即在通风机、鼓风机、压缩机、燃气机、内燃机及各类排气放空装置等进出风管的适当位置设置消声器。

2）传播途径的控制。在传播途径上控制噪声的方法主要有以下几种。

a. 吸声：利用吸声材料（大多由多孔材料制成）或由吸声结构形成的共振结构（金属或木质薄板钻孔制成的空腔体）吸收声能，降低噪声。

b. 隔声：应用隔声结构阻碍噪声向空间传播，将接收者与噪声声源分隔。隔声结构包括隔声室、隔声罩、隔声屏障和隔声墙等。

c. 清声：利用消声器阻止传播。允许气流通过的消声降噪器是防治空气动力性噪声的主要装置。

d. 减振降噪：对于来自振动引起的噪声，可通过降低机械振动减小噪声，如将阻尼材料涂在动源上，或改变振动源与其他刚性结构的连接方式等。

3）接收者的防护。让处于噪声环境下的人员使用耳塞、耳罩等防护用品，通过减少相关人员在噪声环境中的暴露时间来减轻噪声对人体的危害。

4）严格控制人为噪声。进入施工现场不得高声喊叫、无故甩打模板、乱吹哨，限制高音喇叭的使用，最大限度地减少噪声扰民。

5）控制强噪声作业的时间。凡在人口稠密区进行强噪声作业时，须严格控制作业时间，一般晚 10 点到次日早 6 点之间停止强噪声作业。确是特殊情况必须昼夜施工时，尽量采取降低噪声的措施，并会同建设单位找当地居委会、村委会或当地居民协调，出安民告示，求得群众谅解。

8. 固体废物的处理

（1）固体废物的概念。固体废物是生产、建设、日常生活和其他活动中产生的固态、半固态废弃物质。固体废物是一个极其复杂的废物体系。按照其化学组成可分为有机废物和无机废物。按照其对环境和人类健康的危害程度可分为一般废物和危险废物。

（2）施工工地常见的固体废物。

1）建筑渣土包括砖瓦、碎石、渣土、混凝土碎块、废钢铁、碎玻璃、废屑和废弃装饰材料等。

2）废弃的散装建筑材料包括散装水泥、石灰等。

3）生活垃圾包括厨房废物、丢弃食品、废纸、生活用具、玻璃、陶瓷碎片、废电池、旧日用品、废塑料制品、煤灰渣和废交通工具。

4）设备、材料等的废弃包装材料。

5）粪便。

（3）固体废物的处理和处置。

1）固体废物处理的基本思想是采取资源化、减量化和无害化的处理，对固体废物产生的全过程进行控制。

2）固体废物的主要处理方法有以下几种。

a. 回收利用：回收利用是对固体废物进行资源化、减量化的重要手段之一。对于建筑渣土可视其情况加以利用。废钢可按需要用作金属原材料。对于废电池等废弃物应分散回收集中处理。

b. 减量化处理：减量化是对已经产生的固体废物通过分选、破碎、压实浓缩和脱水等方法减少其最终处置量，降低处理成本，减少对环境的污染。在减量化处理的过程中，也包括和其他处理技术相关的工艺方法，如焚烧、热解和堆肥等。

c. 焚烧技术：焚烧用于不适合再利用且不宜直接予以填埋处置的废物，尤其是对于受到病菌、病毒污染的物品，可以用焚烧进行无害化处理。焚烧处理应使用符合环境要求的处理装置，注意避免对大气的二次污染。

d. 稳定和固化技术：利用水泥、沥青等胶结材料，将松散的废物包裹起来，减小废物的毒性和可迁移性，使得污染程度降低。

e. 填埋：填埋是固体废物处理的最终技术。经过无害化、减量化处理的废物残渣被集中到填埋场进行处置。填埋场应利用天然或人工屏障，尽量使需处置的废物与周围的生态环境隔离，并注意废物的稳定性和持卸安全性。

参 考 文 献

[1] 任建琳，施裕生. 工程建设进度控制 [M]. 北京：中国水利水电出版社，1993.

[2] 曹吉鸣. 工程施工管理学 [M]. 北京：中国建筑中国工业出版社，2010.

[3] 中华人民共和国住房和城乡建设部. 工程网络计划技术规程 [M]. 北京：中国建筑工业出版社，2015.

[4] 曹吉鸣. 工程施工组织与管理 [M]. 上海：同济大学出版社，2011.

[5] 赵明胜，候永利. 建筑工程施工组织与管理 [M]. 南京：江苏科学技术出版社，2013.

[6] 顾慰慈，张桂芹. 工程建设质量控制 [M]. 北京：中国水利水电出版社，1993.

[7] 全国监理工程师培训教材编写委员会. 工程建设质量控制 [M]. 北京：中国建筑工业出版社，1997.

[8] 钟汉华，薛建荣. 施工组织与管理 [M]. 北京：中国水利水电出版社，2005.

[9] 王卓浦，邱德华. 工程项目管理 [M]. 南京：河海大学出版社，2002.

[10] 黄自瑾，黄元，马斌. 工程项目建设管理与优化管理方法 [M]. 西安：西安地图出版社，2004.

[11] 马楠. 建筑工程预算与报价 [M]. 北京：科学出版社，2010.

[12] 马楠. 建筑工程计量与计价 [M]. 北京：科学出版社，2007.

[13] 马楠. 建设工程造价管理理论与实务 [M]. 北京：中国计划出版社，2008.

[14] 何佰洲. 工程建设合同与合同管理 [M]. 大连：东北财经大学出版社，2003.

[15] 马楠. 工程造价管理 [M]. 北京：机械工业出版社，2014.

[16] 李惠强. 建筑工程预算与报价 [M]. 北京：科学出版社，2010.

[17] 高显义. 工程合同管理 [M]. 上海：同济大学出版社，2005.

[18] 徐迎，叶华林. 浅议工程合同管理的现状及对策 [J]. 中国建设信息，2003（238）：41-44.

[19] 陈权. 浅析建设工程的项目信息管理 [J]. 计算机光盘软件与应用，2014（24）：153-155.

[20] 郝亚琳，徐广. 基于 BIM 的大型工程项目信息管理研究 [J]. 科技信息，2012（35）：71-72.

[21] 郭杰. 承揽合同若干法律问题研究 [J]. 政法论丛，2000（6）：43-50.

[22] 马士华，林鸣. 工程项目管理实务 [M]. 北京：电子工业出版社，2003.

[23] 成虎. 工程项目管理 [M]. 北京：高等教育出版社，2004.

[24] 黄梯云. 管理信息系统（第三版）[M]. 北京：高等教育出版社，2006.

[25] 吴宗璐，谢清佳. 管理信息系统 [M]. 上海：复旦大学出版社，2003.

[26] 朱佑国，成虎. 建设工程信息集成管理系统研究 [J]. 建筑管理现代化，2005（5）：27-29.

[27] 戴彬. 文档元数据与建设工程项目管理信息系统集成 [J]. 建筑管理现代化，2005（2）：1-4.

[28] 陈勇强，吕文学，张水波. 工程项目集成管理系统的开发研究 [J]. 土木工程学报，2005（5）：111-115.

[29] 徐绳墨. FIDIC 新黄皮书介绍 [J]. 建筑经济，2002（5）：17-18.

[30] 徐绳墨. FIDIC 合同文件体系和最新动向 [J]. 建筑经济，2002（1）：37-37.

[31] FIDIC. 土木工程施工合同条件 [M]. 北京：航空工业出版社，1991.

[32] 张桂峰，耿鸿宾. FIDIC 1999 年新版《施工合同条件》与旧版本的比较 [J]. 重庆交通大学学报，2003（3）：71-73.

[33] 张宜松. 建设工程合同管理 [M]. 北京：化学工业出版社，2010.

［34］道富，杨鹏. 国际项目实施方略［M］. 郑州：黄河水利出版社，2015.

［35］FIDIC. 施工合同条件［M］. 北京：机械工业出版社，2003.

［36］张水波，陈勇强. 国际工程合同管理［M］. 北京：中国建筑工业出版社，2011.

［37］仲景冰，王红兵. 工程项目管理［M］. 北京：北京大学出版社，2006.

［38］任宏，兰定筠. 建设工程施工安全管理［M］. 北京：中国建筑工业出版社，2005.

［39］李世蓉，兰定筠，罗刚. 建设工程施工安全控制［M］. 北京：中国建筑工业出版社，2004.

［40］王景春. 土木工程施工安全技术［M］. 北京：中国建筑工业出版社，2012.

［41］丁士昭. 建设工程施工管理［M］. 北京：中国建筑工业出版社，2015.

［42］孙继德. 建设工程施工管理［M］. 北京：中国建筑工业出版社，2009.

［43］丁士昭，逄宗展. 建设工程项目管理［M］. 北京：中国建筑工业出版社，2014.

［44］孙博，李杨，赵凯. 水利水电工程管理与实务［M］. 哈尔滨：哈尔滨工业大学出版社，2014.